Alastair Garrod

ELEKTRIK AN BORD

Delius Klasing Verlag

Die englische Originalausgabe mit dem Titel »PRACTICAL
BOAT OWNER'S ELECTRIC AFLOAT« erschien 2002 bei
A & C Black Publishers Limited, London.

Bibliografische Information Der Deutschen Bibliothek
Die Deutsche Bibliothek verzeichnet diese Publikation in der
Deutschen Nationalbibliografie; detaillierte bibliografische
Daten sind im Internet über »http://dnb.ddb.de« abrufbar.

1. Auflage
ISBN 3-7688-1455-6
Die Rechte für die deutsche Ausgabe liegen beim Verlag
Delius, Klasing & Co. KG, Bielefeld

Aus dem Englischen von Udo Stünkel
Bearbeitung: Olaf Schmidt
Umschlaggestaltung: Gabriele Engel
Druck: Kunst- und Werbedruck, Bad Oeynhausen
Printed in Germany 2003

Delius Klasing Verlag, Siekerwall 21,
D – 33602 Bielefeld
Tel.: 0521/559-0, Fax: 0521/559-115
E-mail: info@delius-klasing.de
www.delius-klasing.de

INHALT

EINLEITUNG

In heutiger Zeit wird jeder, der eine Yacht betreibt, mit einer Vielzahl von elektrischen Systemen konfrontiert. Er ist mehr oder weniger abhängig davon. Schon auf dem kleinsten seegehenden Schiff brauchen Sie elektrisches Licht, Positionslampen und Radio. Versuchen Sie einmal, eine Petroleum-Positionslaterne mit Zulassung zu bekommen: nahezu unmöglich und fast unbezahlbar. Auf großen Yachten findet sich jeder von Zuhause bekannte Komfort: Warmwasser, Fernsehen, Mikrowelle, Heizung und Kühlschrank. Dieses erfordert ein umfangreiches Verteilungssystem und oftmals Vertrauen in die Landstromversorgung.

Hinzu kommen Navigationshilfen. Ein bekannter Yacht-Konstrukteur sagte kürzlich den baldigen Tod des traditionellen Kartentisches vorher. Tatsächlich wolle er sich nicht länger darum kümmern, solche Teile in Schiffe unter 10 Meter Länge einzubauen. Solche Boote werden mit elektronischen Instrumenten navigiert – GPS, Kartenplotter und dergleichen –, der zuvor von der Navigation belegte Platz kann jetzt für einen besseren Komfort genutzt werden.

Und wie haben wir zuletzt den Motor gestartet? Nur sehr wenige moderne Dieselmotoren besitzen eine Handstartvorrichtung – die einzige Notstartmöglichkeit liegt in einer Ersatzbatterie. Obwohl man den Sinn solcher Entwicklungen in Frage stellen kann, besteht kein Zweifel, dass sie sich nicht aufhalten lassen. Als Segler oder Motorbootskipper müssen wir uns mit Elektrik auskennen.

Dieses Buch wurde für den Praktiker gemacht. Es enthält keine elektrischen Formeln, ausgenommen die Grundlagen und das Ohmsche Gesetz. Es versucht stattdessen, Verständnis für die Funktion der Elektrik zu erwecken und zu zeigen, welche Möglichkeiten Ihnen offen stehen. Alle Empfehlungen beziehen sich vollständig auf die Regeln und Richtlinien der Europäischen Direktive für Freizeit-Wasserfahrzeuge.

DANKSAGUNG

Als ich für dieses Buch zu recherchieren begann, musste ich sehr schnell feststellen, dass man auf eine simple Frage an zehn Elektriker elf verschiedene Antworten erhält. Deswegen wurde es offensichtlich, dass ich meine Quellen und Berater sorgfältig auszuwählen hatte. Bei meiner Suche geriet ich oft an dieselben Namen und möchte diesen wenigen Leuten herzlichst dafür danken, dass sie mich so hervorragend und geduldig unterstützt haben.

Jack Monk und Danny Jones von Mastervolt UK. Danny Jones sitzt auch in der BMEA.

Michael Taplin, Gründer von Taplin International, und jetzt im Ruhestand.

John St Bickley von ETA Circuit Breakers. John sitzt ebenfalls in der BMEA.

Steve Barnes of S. D. Barnes Associates, Poole.

Tony Johns, Sekretär der BMEA, der auch regelmäßig im »Practical Boat Owner« schreibt.

George Huxtable, der viel von seinem Wissen und seinen Erfahrungen aus technischen Sicherheitsüberprüfungen in einer Serie im »Practical Boat Owner« mitteilt.

Schließlich möchte ich meinem Kollegen und Herausgeber Andrew Simpson danken, der sich hartnäckig und sorgfältig durch mein Gekrakel arbeitete und schließlich meinen Wörtern etwas Rhythmus gab. Auch sind viele seiner technischen Anmerkungen in diesem Buch vertreten – vielen Dank, Andrew.

Ein erhebliches Element der Marine-Elektrik besteht aus Produktabbildungen und technischen Zeichnungen von folgenden Firmen: Mastervolt UK, Merlin Equipment, Aqua Marine, Plastimo, Volvo UK, Delphi Auto Batteries, Ampair, Bosch und Vetus.

Für ihre Kooperation möchte ich mich hier bedanken.

DIE GESETZE DER ELEKTRIK

DIE GESETZE DER ELEKTRIK

KAPITEL 1

DIE GRUND-LAGEN

Die Elektrik unseres Bootes ist wesentlich leichter zu durch-schauen, wenn man die Grundlagen verstanden hat. Unglücklicherweise haben viele Bootsbesitzer ihre Schul-zeit bereits lange hinter sich – und damit ist das, was sie gelernt haben, inzwischen weit entfernt und verzerrt. Für diejenigen, die sich erst lange erinnern müssen oder das Thema Elektrizität noch nie behandelt haben, soll dieses erste Kapitel ohne komplizierte Mathematik oder Theorie die nötigen Grundlagen vermitteln. Wenn man das Prinzip erst einmal verstanden hat, versteht man den Rest wesent-lich leichter.

STROMSTÄRKE

Elektrizität sieht, hört, fühlt und riecht man nicht. Sie beruht auf der Bewegung von Elektronen (siehe unten). Diese bewegen sich in einem leitfähigen Material von einem Atom zum anderen und bringen dabei etwas in Gang, was wir elektrischen Strom nennen.

Es ist leichter, sich Strom als eine Flüssigkeit innerhalb eines Leiters vorzustellen – die Strömungsrate wird in Ampere (abgekürzt mit A) gemessen. Geringe Ströme werden in Milliampere, also Tausendstel Ampere gemessen.

SPANNUNG

Doch der Strom kann nicht fließen, wenn er nicht durch eine elektrische Kraft oder einen Druck dazu gebracht wird. Diesen Druck nennt man Spannung und diese wird in Volt (V) gemessen.

WIDERSTAND

Jede Behinderung der Strömung wird Widerstand genannt und in Ohm (Ω) gemessen.

Elektronen-Strom

Elektron

Atomkern

Jegliche Materie besteht aus Atomen – sie sind das Baumaterial aller Substanzen. Um ihren Aufbau zu verstehen, vergleichen wir sie oft mit unserem Sternensystem: Dabei stellt der Atomkern die Sonne dar, und die Elektronen verhalten sich ähnlich wie die sie umkreisenden Planeten. Der Atomkern ist mit Protonen (rot gezeichnet) positiv geladen und die ihn umgebenden Elektronen (grau) sind negativ. Wichtig dabei ist, dass die Ausgewogenheit zwischen der Anzahl der Protonen und Elektronen das Atom elektrisch neutral machen. Der Punkt, in dem sich leitende

Anliegende elektrische Kraft oder Spannung

OHMSCHES GESETZ

Die drei elektrischen Größen, nämlich Spannung, Stromstärke und Widerstand, sind eng miteinander ver-
knüpft. Wählen Sie zwei beliebige dieser Werte,
dann ergibt sich der Dritte gesetzmäßig:
Bei einem vorgegebenen Widerstand bringt jede
Erhöhung der elektrischen Spannung auch eine
proportionale Erhöhung der elektrischen Stromstärke. Dagegen bewirkt die Erhöhung des Widerstandes bei vorgegebener Spannung eine Verringerung der Stromstärke um einen proportionalen
Wert.
Dieser Zusammenhang aus der Kombination von Spannung, Stromstärke und
Widerstand bildet das erste fundamentale Gesetz
der Elektrizität. Es wird Ohmsches Gesetz genannt und lautet:

SPANNUNG = STROMSTÄRKE x WIDERSTAND
oder, dargestellt in den Maßeinheiten:
VOLT = AMPERE x OHM

Aus zwei gegebenen Werten kann der dritte leicht errechnet werden.

*Ein Hochstrom-
Anschluss: Der
Bolzen selbst besteht
aus leitfähigem
Material wie Stahl
oder Messing. Die
Isolierung besteht
aus nicht leitenden
Materialien wie
Gummi oder Plastik.*

von nichtleitenden Materialien unterscheiden, ist die Beweglichkeit der Elektronen: In
leitfähigen Materialien können sie zwischen
den Atomen hin- und herspringen. Allerdings bedarf es einer elektrischen Kraft oder
Spannung, um die Elektronen von ihren
Atomen zu trennen und die elektrische Neu-
tralität aufzuheben. Hierbei bleibt das Atom

kurzzeitig mit einer positiven Ladung zurück,
die ein anderes freies negativ geladenes
Elektron anzieht. Diese von einem zum anderen Atom springenden Elektronen machen
den elektrischen Strom aus. Wir können uns
einen Leiter als ein mit Erbsen gefülltes Rohr
vorstellen: Stecken Sie an einem Ende eine
Erbse (Elektron) hinein, werden die anderen
Erbsen nach vorne geschoben, bis am anderen Ende eine Erbse herausfällt, die dann
wieder hinten hineingesteckt werden kann.

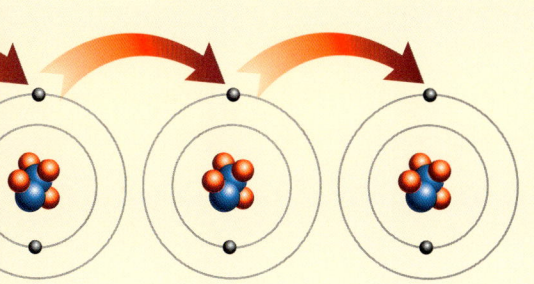

LEISTUNG

Die vierte elektrische Größe ist die Leistung. Sie kann als die Rate definiert werden, in der Energie geliefert oder verbraucht wird. Leistung wird immer in Watt (W) gemessen, große Mengen auch in Kilowatt (kW), entsprechend eintausend Watt. Wenn Ampere (A) die Menge des gelieferten Stromes und Volt (V) die Stärke des elektrischen Drucks zur Lieferung des Stroms angeben, kann daraus die Leistung als das Produkt aus Spannung und Stromstärke errechnet werden.

Leistung und Widerstand

Durch die Anwendung der oben beschriebenen Formeln können wir sehr wertvolle Beobachtungen machen, die erhebliche Auswirkungen auf die Bootselektrik haben: Eine im 230 Volt-Haushaltsstromnetz betriebene Lampe mit einer Leistung von 20 Watt benötigt 87 Milliampere Strom. Aber eine Lampe gleicher Leistung für das 12 Volt-Bordnetz benötigt 1666 Milliampere Strom. Für eine gleich hell leuchtende Lampe muss also im Bordnetz ein etwa zwanzig mal höherer Strom durch die Kabel fließen – das gilt für alle Verbraucher.

Dieses kann eine große Gefahr sein: Die meisten Menschen sind mit Haushaltsstrom sehr vorsichtig, weil sie wissen, dass er tödliche Auswirkungen haben kann. Mit der Bordspannung von 12 Volt gehen sie dagegen relativ locker um, weil sie wissen, dass diese nicht lebensgefährlich ist.

Wenig bekannt ist jedoch das Feuerrisiko, welches Niederspannungssysteme mit sich bringen können. Dazu müssen wir nun etwas weiter ausholen: Höhere Stromstärken bedeuten, dass im Leiter mehr Elektronen von Atom zu Atom hüpfen. Dabei entsteht sozusagen durch die innere Reibung Wärme – je höher der Strom, desto mehr Wärme. Die innere Reibung ist natürlich nichts anderes als elektrischer Widerstand, hier in der unerwünschten Form innerhalb der Leitungen.

Die Wärmeentwicklung wird auch größer, wenn für eine vorgegebene Stromstärke ein dünneres Kabel benutzt wird, das die Bewegung der Elektronen weiter einschränkt. In jedem Fall wird Leistung durch die Reibung in Wärme umgesetzt.

Dieses Phänomen wird im täglichen Leben genutzt und kann in solchen Dingen wie elektrischen Heizungen, Herden, Toastern und einfachen Glühlampen beobachtet werden. Unter kontrollierten Umständen drücken wir mit Absicht Strom durch einen Draht mit hohem Widerstand, damit der innere Widerstand uns Wärme gibt – im Falle der Glühlampe genügend Hitze, um den feinen Draht zur Weißglut zu bringen. Was jedoch für Heizungen und Glühlampen eine gute Sache sein kann, ist bei elektrischen Leitungen nicht erwünscht. Der

20W	20W
86 mA	1666 mA
230V	12V

Zwei Lampen von gleicher Leistung, links Zuhause und rechts an Bord: Die rechte Lampe erhält nur ein Zwanzigstel der Spannung, dafür zieht sie jedoch den 20-fachen Strom.

Daher:

LEISTUNG = SPANNUNG x STROMSTÄRKE
oder WATT = VOLT x AMPERE

Dieser grundlegende Zusammenhang zwischen Spannung,
Stromstärke, Widerstand und Leistung ist entscheidend für
das Verständnis aller elektrischen Systeme.

innere Widerstand kann das Kabel zu heiß
werden lassen. Dadurch schmilzt die Isolation, es entstehen Kurzschlüsse, und ein Feuer
bricht aus. Für unser 12 Volt-Bordnetz
bedeutet dies, dass die Kabelquerschnitte
sorgfältig an die höchste erwartete Stromstärke angepasst werden müssen.
Für das Verständnis ist folgender Zusammenhang wichtig: Dünnere Kabel setzen dem
Stromfluss größere Widerstände entgegen.
Das führt zu großen Spannungsabfällen über
die Länge der Leitung. Die praktische Auswir-
kung ist, dass die Verbraucher am anderen

*Bei kurzem Einsatz des bis zu 400 Ampere zie-
henden Anlassermotors sinkt die Batteriespannung deutlich ab. Er hat eine Leistung von 4800
Watt!*

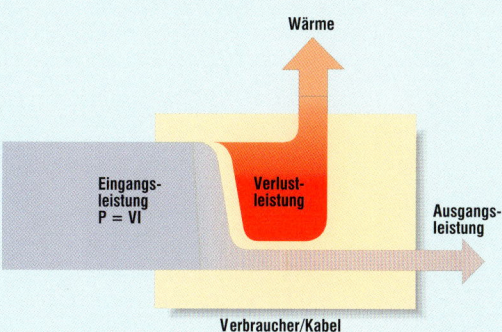

*Wenn ein Verbraucher oder Kabel für den
Strom irgendeine Form von Widerstand darstellt, geht bei der Umgehung dieses Widerstandes Energie als Wärme verloren – vielleicht
genug, um die Isolierung zu schmelzen und ein
Feuer auszulösen.*

Ende der Leitung nicht die volle Batteriespannung erhalten. Ein großer Teil der Leistung wird dann nicht im Verbraucher, sondern im Kabel umgesetzt.
Wenn wir durch Leiterkabel mit reichlich
Querschnitt und vernachlässigbarem Widerstand einen Verbraucher von gleichfalls niedrigen Widerstand versorgen, kann der
Strom so schnell fließen, dass in der Batterie
die Spannung abfällt. Ein gutes Beispiel ist
das Starten des Motors. Die Stromzufuhr
zum Anlasser ist sehr dick und der Anlasser
selbst hat einen solch geringen Widerstand,
dass er die Möglichkeiten der Batterie, die
Bordspannung zu halten, überschreitet. Halten Sie beim Starten ein Auge auf das Voltmeter, und Sie werden sehen, dass die Spannung von 13 Volt auf etwa 10,5 Volt oder
noch niedriger abfällt.

EINFACHE STROMKREISE

Hier haben wir eine Batterie, die einen Verbraucher – eine Glühlampe – mit Strom versorgt. Die Gepflogenheit sagt uns, dass der Strom aus dem positiven Batterieanschluss herauskommt, durch den Stromkreis fließt und über den Minus-Anschluss wieder in die Batterie geht. Das Kabel, welches den Strom vom positiven Batteriepol zum Verbraucher transportiert, wird üblicherweise in Rot oder einer anderen hellen Farbe gezeichnet, das andere dunkel oder schwarz.

Diese Lampe hat natürlich einen gewissen Widerstand. Widerstände in Stromkreisen können entweder in Reihe oder parallel oder in einer Kombination daraus installiert werden. Der Aufbau der gewählten Widerstände hat große Auswirkungen auf die Spannung und die Stromstärke innerhalb des Stromkreises.

Reihen-Widerstände

Eine Reihe von hintereinander geschalteten Lampen oder anderen Verbrauchern im Stromkreis bewirkt immer starke Behinderungen des Stromflusses. Entsprechend ihres Widerstandes fällt an jeder Lampe der elektrische Druck (die Spannung, U) weiter ab. Die Summe der Spannungsabfälle an allen Lampen im Stromkreis entspricht der Spannung an der angeschlossenen Batterie. Durch jede Lampe fließt der gleiche Strom. Der Wert der Stromstärke hängt vom Gesamtwiderstand aller Verbraucher ab. Das bedeutet: Mit jeder Lampe, die der Reihe hinzugefügt wird (siehe unten), nimmt die Stromstärke (I) im Stromkreis ab. Alle Lampen werden dunkler.

Dies ist etwa so, als wenn man eine Reihe von Knoten in einen Gartenschlauch macht. Mit jedem neuen Knoten lässt die Strömung des Wassers etwas nach, bis schließlich am Ende des Schlauchs nur noch einzelne Tropfen austreten.

I_{Gesamt} fällt, wenn Widerstände hinzugefügt werden.

U an jedem Widerstand fällt, wenn Widerstände hinzugefügt werden, die Summe aller Spannungsabfälle an jedem Widerstand entspricht der Batteriespannung.

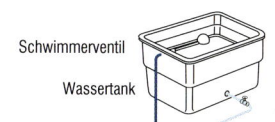

Schwimmerventil

Wassertank

Parallel-Widerstände

Reihen-Widerstände waren noch unkompliziert mit Knoten im Schlauch zu erklären. Die Ergebnisse beim Parallelschalten unserer Lampen sind nicht so offensichtlich: Je mehr Lampen man parallel schaltet, desto größer wird die Gesamtstromstärke (I), während die Leuchtkraft jeder Lampe unverändert bleibt.

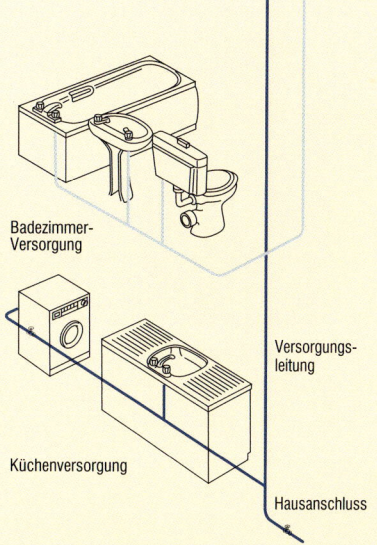

Badezimmer-Versorgung

Versorgungs-leitung

Küchenversorgung

Hausanschluss

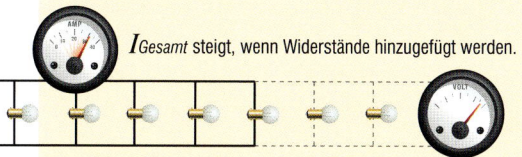

I_{Gesamt} steigt, wenn Widerstände hinzugefügt werden.

U bleibt an jedem Widerstand gleich.

Auf den ersten Blick erscheint dies nicht logisch. Wie kann es sein, dass ein Hinzufügen von Widerständen den Gesamtwiderstand verringert und zudem den Strom erhöht?

Zur Erklärung verlassen wir die Elektrik und schauen uns eine Hauswasserleitung an wie sie in Gegenden mit schwacher Wasserversorgung gebaut wird: Ein großer Wassertank auf dem Dach wirkt hier wie eine Batterie. Jetzt stellen wir uns vor, dass wir im Badezimmer einen Wasserhahn leicht öffnen und das Wasser laufen lassen – das entspricht dem Anschalten einer Lampe. Der Pegel im Wassertank beginnt langsam zu sinken – so weit, bis das Schwimmerventil im Tank die Zufuhr öffnet und durch die Versorgungsleitung frisches Wasser nachläuft. Bald wird der Tank wieder ausgeglichen sein. Dann wird ein weiterer Wasserhahn geöffnet. Der Pegel im Tank fällt schneller und das Schwimmerventil öffnet weiter; jetzt kann man es von unten bereits rauschen hören. Genauso wie das Wasser in die Wanne einläuft, zischt das Frischwasser durch das Schwimmerventil in den Tank, um den Pegel auszugleichen. Was wir tatsächlich machen, ist den Widerstand gegen das Wasser, das aus dem Tank läuft, zu verringern, indem wir ihm mehr und mehr Wege öffnen, durch die es austreten kann. Wir schalten sozusagen Rohrleitungen parallel.

Dabei muss die Versorgungsleitung stärker arbeiten, um den Ausgleich im Tank herzu-

stellen. Irgendwann haben wir so viele Hähne geöffnet, dass die Versorgung den Verbrauch nicht mehr ausgleichen kann und der Tank sich trotz vollständig geöffnetem Schwimmerventil entleert. Jetzt kann man sagen, dass das System überlastet ist – so wie beim Starten des Motors (siehe Seite 12). Haushaltsleitungen können als ein Netzwerk paralleler Stromkreise begriffen werden. Das gerade beschriebene ist dann den Vorgängen beim Hinzufügen von parallel geschalteten Widerständen in elektrischen Stromkreisen sehr ähnlich.

Die Funktion von Widerständen in einem Stromkreis kann experimentell getestet werden, indem man zunächst ein Paar identischer Widerstände in Reihe an eine Spannung anschließt und die Stromstärke misst; dann verbindet man sie parallel mit der gleichen Spannung und misst den Strom erneut. Sie werden herausfinden, dass das Ergebnis der zweiten Messung viermal höher liegt als in der ersten: Während ein zweiter Widerstand in Reihe den Strom halbiert, fließt bei der Parallelschaltung der doppelte Strom.

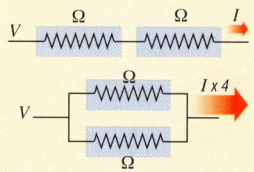

Parallel-Widerstände

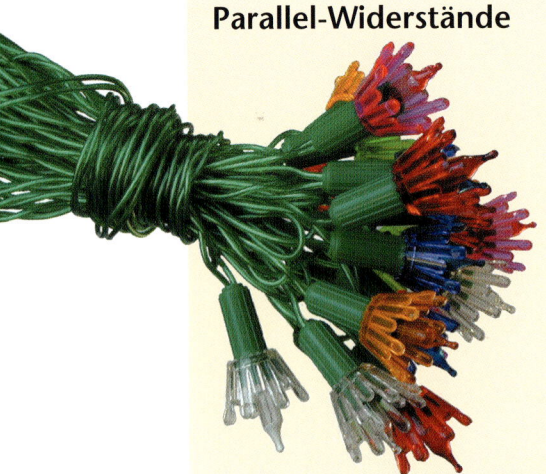

So kann man sagen, dass jeder Zweig direkt mit der Batterie verbunden ist und die gleiche Batteriespannung erhält. Die Stromstärken an jedem Einzelnen der unabhängigen Zweige addieren sich, um in der Summe die Gesamtstromstärke zu bilden.

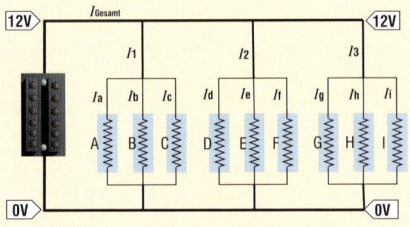

I 1 ist die Summe aus I a, I b und I c, das gleiche Prinzip gilt für I 2 und I 3
I Gesamt ist die Summe aus I 1, I 2 und I 3
Die an den Verbrauchern anliegende Spannung ist überall gleich.

Nahezu alle elektrischen Stromkreise auf einem Boot werden parallel versorgt, und es gibt zahlreiche Gründe dafür. Einfache Weihnachtsbaum-Lichterketten bieten ein gutes Beispiel, warum wir parallele Schaltungen brauchen. Sie bestehen normalerweise aus vierundzwanzig in Reihe geschalteten 10-Volt-Lampen mit einer 230-Volt-Versorgung. Viele haben schon erlebt, dass beim

Stromkreis unterbrochen

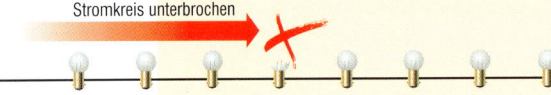

Ausfall einer Lampe die ganze Kette erlischt. Wenn jedoch bei anderen Ketten stattdessen vierundzwanzig 240-Volt-Lampen parallel geschaltet sind, beeinflusst der Ausfall einer (oder mehrerer) Lampe(n) den Rest der Kette nicht. Offensichtlich ist dieses für das elektri-

Stromkreis irgendwo unterbrochen

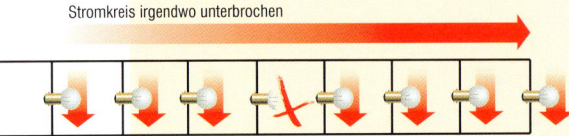

sche System auf dem Schiff die bessere und sicherere Methode. Wenn es mehrere verschiedene parallel geschaltete Stromkreise gibt, arbeitet jeder unabhängig von den anderen, und obwohl der Stromfluss in den verschiedenen Zweigen unterschiedlich sein kann, wird die Spannung zwischen den gemeinsamen Enden gleich sein.

Die generelle Ausnahme zur Praxis der Parallelschaltung liegt vor, wenn Sicherungsautomaten, Geräteschalter und Schmelzsicherungen dem System hinzugefügt werden. Geräteschalter sind lokale An/Aus-Schalter, die andere Systeme oder Stromkreise nicht beeinflussen sollen. Sie werden in Reihe an jede Vorrichtung angeschlossen. Sicherungsautomaten und Schmelzsicherungen haben die Aufgabe, im Notfall die Stromversorgung des gestörten Zweiges zu unterbrechen. Sie werden ebenfalls in Reihe zum jeweiligen Verbraucher platziert.

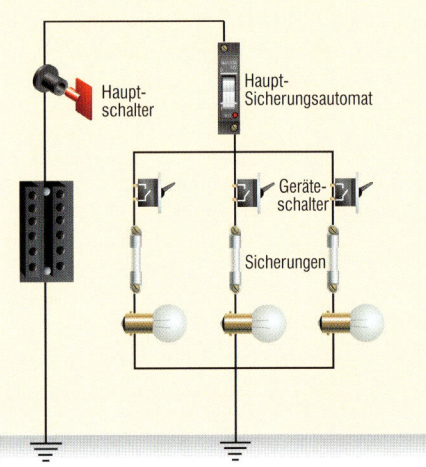

ELEKTRISCHE MESSUNGEN

Es gibt auf dem Markt eine große Auswahl elektrischer Messinstrumente in allen Preislagen. Zunächst sollte man sich entscheiden, ob es ein analoges oder digitales Gerät sein soll – im Wesentlichen eine Sache des persönlichen Geschmacks, doch gelten Digitalgeräte im Allgemeinen als robuster. Sie kommen ohne empfindliche Mechanik aus. Feste oder eingebaute Anzeigen auf dem Anzeigefeld werden später behandelt, doch sollte sich auf jedem Boot ein tragbares Instrument (auch als Multimeter bezeichnet) befinden, mit dem Ampere, Volt und Ohm gemessen werden können. Solch ein Instrument soll als Ihr Stethoskop fungieren – es hilft Ihnen nicht nur bei der Suche nach Fehlern, sondern verrät auch, ob Stromkreise sicher funktionieren.

Ein gutes Multimeter für Boote sollte Messbereiche für 0 bis 500 V Wechselstrom/ Gleichstrom (AC/DC), 0 bis 10 A und 0 bis 1 Milion Ω besitzen. Für solch große Anzeigebereiche haben die Geräte einen Messbereichsschalter, mit dem der gewünschte Anzeige-Umfang eingestellt wird.

Zur Messung der Stromstärke (Ampere) müssen wir den Stromkreis unterbrechen und das Messgerät in Reihe schalten – hierzu bieten sich Anschlussklemmen oder ein offener Schalter an. Beim Einstellen des Messbereichs muss das Instrument den kleinstmöglichen Widerstand bieten, da es andernfalls selbst eine große Behinderung des Stromflusses darstellt und ein falsches Ergebnis angezeigt wird.

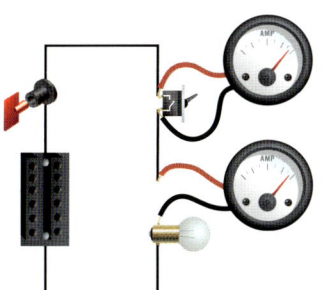

Zur Messung der Spannung oder des Spannungsabfalls müssen die Anschlüsse des Instruments parallel an beide Seiten des zu messenden Bauteils geklemmt werden. Anders als bei der Stromstärkenmessung muss das Messgerät bei der Spannungsmessung den höchstmöglichen Widerstand aufweisen, damit der Strom nicht durch das Instrument anstatt durch das Bauteil fließt: Wir würden sonst wieder ein falsches Ergebnis erhalten.

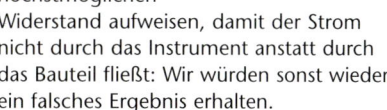

Zur Messung des Widerstandes eines Stromkreises muss der gesamte Stromkreis von der Versorgung getrennt und dann mit dem Instrument verbunden werden. Das Messinstrument leitet einen kleinen Strom in den Stromkreis und ermittelt,

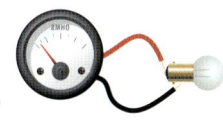

wie viel Widerstand es antrifft – das Ergebnis wird in Ohm angezeigt. Zum Messen einzelner Bauteile, beispielsweise Sicherungen, ist es oft nötig, das Teil von seiner Umgebung zu trennen. Bei Multimetern kommt der eingeleitete Strom normalerweise aus einer internen 9-Volt-Batterie.

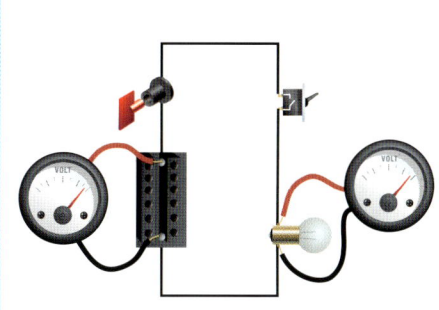

Batterien und Akkumulatoren
Blei-Säure-Akkus
Kapazität
Tiefenentladung
Überwachung

DIE PRIMÄRE KRAFTQUELLE

KAPITEL 2

BATTERIEN

Solche Batterien, die unsere Taschenlampen, Kameras und Kofferradios versorgen, werden »Primär-Zellen« genannt. Obwohl sie für viele Zwecke gut geeignet sind, haben diese Einweg-Batterien für den Betrieb elektrischer Systeme auf einem Boot geringen Nutzen: Ihre Lebensdauer ist kurz, und sie können nicht aufgeladen werden. Was der Bootsbesitzer braucht sind Stromspeicher, die wiederholt von einer externen Energiequelle aufgeladen werden können – beispielsweise vom Stromnetz des Anlegers, von der Lichtmaschine des Motors oder durch Umwandlung von Sonnen- oder Windenergie. Batterien solcher Bauart werden »Sekundär-Zellen« genannt, übliche Bezeichnungen sind »Akkumulatoren« oder abgekürzt »Akkus«. Die am meisten verbreiteten Akkus sind Blei-Säure-Akkus, wie wir sie aus Autos kennen.

Die meisten Akkus sind schwer und machen einen robusten Eindruck, doch elektrisch sind sie sehr empfindlich. Um ein langes und zuverlässiges Leben sicherzustellen, müssen sie gut behandelt und sorgfältig gewartet werden – dieses Kapitel enthält die Kenntnisse, die Sie dazu brauchen.

PRIMÄR-ZELLEN

Ein sehr einfaches Experiment demonstriert, wie Einweg-Batterien arbeiten. Beschaffen Sie sich zwei Streifen unterschiedlicher Metalle – zum Beispiel Kupfer und Zink. Füllen Sie als Nächstes eine Glasschale mit Salzwasser und halten Sie die Streifen so hinein, dass sie sich nicht berühren. Nehmen Sie jetzt ein Voltmeter und klemmen Sie es zwischen die Streifen – Sie werden sehen, dass eine kleine Spannung angezeigt wird. Die Spannung hängt von der Wahl der beiden Metalle ab.

Wenn einer oder beide Streifen aus dem Wasser gehoben werden geht das Voltmeter auf 0 zurück. Nach dem erneuten Eintauchen steigt die Spannung wieder auf den ursprünglichen Wert an. Dies zeigt, dass das Salzwasser ein lebenswichtiger Teil unserer Batterie ist. Er wird »Elektrolyt« genannt, und ohne ihn funktioniert die Batterie nicht.

Doch alle Primär-Zellen haben einen entscheidenden Nachteil. Schließen Sie statt des Messinstrumentes einen Verbraucher, beispielsweise eine Taschenlampenbirne an und lassen Sie das Experiment einige Zeit laufen. Sie werden herausfinden, dass eines der Metalle – in unserem Falle das Zink – sichtbar durch die Elektrizität korrodiert. Nachdem das Zink erschöpft ist, hören alle Aktivitäten auf und die Batterie ist tatsächlich tot. Daraus kann man schließen, dass der Strom auf Kosten des Zinks entstanden ist.

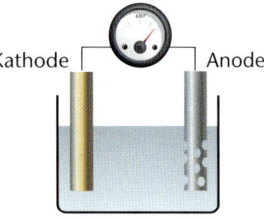

Kathode   Anode

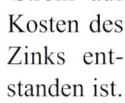

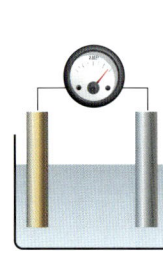

Stromfluss

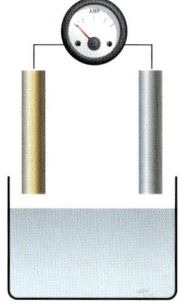

kein Stromfluss

Galvanische Spannungsreihe

Wenn unser kleines Primärzellen-Experiment mit einer größeren Auswahl an Metallen durchgeführt wird, bildet die erzeugte Spannung die Grundlage einer Tabelle für eine galvanische Spannungsreihe. Der Bereich der erreichbaren Spannung ist ziemlich klein: von + 0,2 Volt für Graphit bis –1,6 Volt für Magnesium. Nehmen Sie irgendein Paar heraus, tauchen Sie es in einen Elektrolyten, dann wird die erzeugte Spannung genau der Differenz zwischen den beiden Metallen entsprechen. Unsere Kupfer- und Zink-Streifen haben 0,6 Volt erzeugt, und wenn wir das Kupfer durch Stahl ersetzen, werden wir nur noch 0,3 Volt ablesen.
In jeglicher galvanischen Kombination von Metallen bildet eines von ihnen die Rolle der Anode (unedlere), während das andere (edlere) die Kathode darstellt. Das weniger edle Metall bildet immer die Anode und korrodiert als Konsequenz.

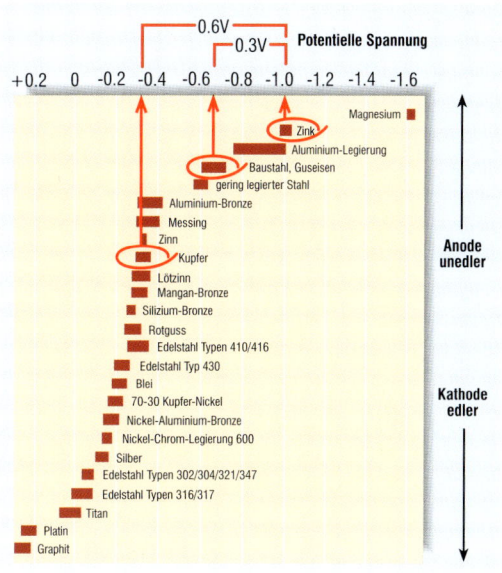

Galvanische Aktion

Ein interessantes Beispiel für eine Einwegzelle wird bei den Lampen an Schwimmwesten und manchmal an Rettungsflößen eingesetzt. Hier sind alle notwendigen Komponenten vorhanden, um die Zelle zu aktivieren – außer dem Elektrolyten. Im trockenen Zustand ist die Zelle untätig. Wenn jedoch die Zelle mit der zugehörigen Rettungsweste von Bord fällt, dringt Seewasser (der Elektrolyt) in die Zelle ein und erweckt diese sehr schnell zum Leben. Der erzeugte Strom bringt die Lampe zum Leuchten, um auch nachts Rettungskräften den Weg zum Über-Bord-Gegangenen zu weisen.

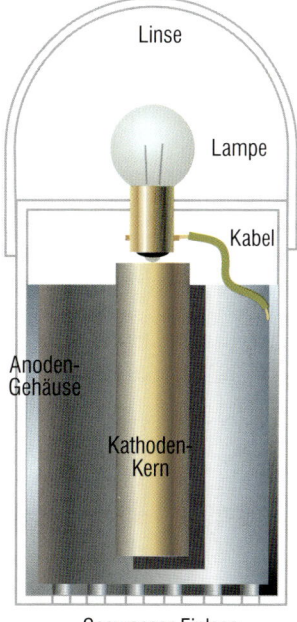

Links: Eine durch Seewasser aktivierte Einwegzelle betreibt ein Seenot-Licht. Der Querschnitt rechts zeigt den Aufbau einer solchen Leuchte. Das Leben der Zelle und damit die Brenndauer der Lampe hängen von der Qualität des Anodenmaterials innerhalb der Zelle ab.

SEKUNDÄR-ZELLEN

Ein Experiment, dessen Aufbau dem Ersten sehr ähnlich ist, zeigt uns die Funktion einer aufladbaren Batterie. Wieder benutzen wir die Glasschale, doch diesmal sind die Elektroden zwei identische Bleibleche. Als Elektrolyt dient einfacher Orangensaft. Wir benötigen zudem einige Taschenlampen-Batterien. Beide Bleiplatten werden wie gezeigt in die Schale getaucht und mit den in Reihe geschalteten Batterien verbunden. Schon bald steigen Blasen auf und eines der Bleche verfärbt sich braun. Nach etwa einer halben Stunde werden die Batterien getrennt und die beiden Elektroden an ein Voltmeter angeschlossen. Dabei sollte eine nennenswerte Spannung zwischen den ursprünglich gleichen Elektroden feststellbar sein.

Jetzt haben wir die Grundform einer Sekundärzelle. Sie unterscheidet sich von der Primärzelle in zwei Punkten: Erstens haben wir zwei gleiche Metalle statt unterschiedlicher genommen, und zweitens nutzen wir als Elektrolyten statt Salzwasser eine saure Lösung. Wir haben eine Vorrichtung gebaut, die elektrisch aufgeladen und dann wieder entladen werden kann, ohne dass eine der Elektroden dabei zerstört wird – mit anderen Worten: eine aufladbare Batterie. Die Zelle arbeitet aufgrund einer elektrochemischen Reaktion zwischen dem Elektrolyt und dem Elektrodenmaterial, die umgedreht werden kann.

Diese spezielle Akkumulator-Batterie ähnelt dem auf Booten verbreiteten Batterie-Typ – mit einem wichtigen Unterschied: In der Praxis wird anstelle des Orangensaftes verdünnte Schwefelsäure (Batteriesäure) benutzt, was aber für unser Experiment zu unpraktisch wäre. Wie funktioniert nun der Blei-Säure-Akku?

Eine voll geladene Akkuzelle mit Bleielektroden und verdünnter Schwefelsäure als Elektrolyt produziert eine Spannung von etwa 2,2 Volt – unabhängig von der Größe der Elektroden.

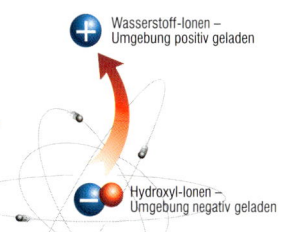

Elektrolyt

Sowohl bei der Primär- als auch der Sekundärzelle müssen die Elektroden in eine leitfähige Flüssigkeit, den Elektrolyten, getaucht werden. Und die wichtigste Beschaffenheit des Elektrolyten muss sein, dass er ausreichend an Ionen verfügt. Was sind nun Ionen? Seite 10 beschreibt die elektrische und atomare Balance eines Moleküls. Sollte jedoch ein Atom das Molekül verlassen, sind sowohl das Atom als auch das verbleibende Molekül unausgewogen, das heißt entweder positiv oder negativ geladen. Diese Fragmente nennt man Ionen. Wasser (H_2O) kann Ionen enthalten, bei denen ein einziges Wasserstoff-Atom sich in ein Wasserstoff-Ion verwandelt. Es mangelt ihm jetzt an einem umkreisenden Elektron und ist positiv geladen. Und natürlich verbleibt der Rest des Wassermoleküls mit zu vielen Elektronen und wird zu einem negativ geladenen Hydroxylion. Diese Ionen kommen in kleinen Mengen auch in normalem Wasser vor, doch wenn ein elektrischer Strom hindurchgeleitet wird, werden viel mehr von ihnen produziert. Die Batteriesäure in einem Blei-Akku besteht aus Schwefelsäure und Wasser. In seiner konzentrierten Form ist Schwefelsäure nichtleitend, doch durch die Verdünnung mit Wasser wird die Säure (H_2SO_4 – jedes Molekül besteht aus zwei Wasserstoffatomen, einem Schwefelatom und vier Sauerstoffatomen) in positiv geladene Wasserstoff-Ionen und negativ geladene Schwefel-Ionen aufgebrochen. Aufgrund ihrer elektrischen Unausgeglichenheit bilden sie einen idealen Stromleiter, der umso besser arbeitet, je höher der Säureanteil ist.

Entladung

Im vollständig geladenen Zustand sind die negativ geladene Bleiplatte und die positiv geladene Bleioxid-Platte in eine angereicherte Lösung aus Schwefelsäure getaucht. Beim Entladen der Zelle beginnt die positive Platte, ihre braune Verfärbung zu verlieren, da das Oxid an der Oberfläche mit Hilfe des im Elektrolyten gelösten Wasserstoffs entfernt wird. Der Wasserstoff wird von der positiven Platte angezogen, wo er sich mit dem Sauerstoff zu Wasser

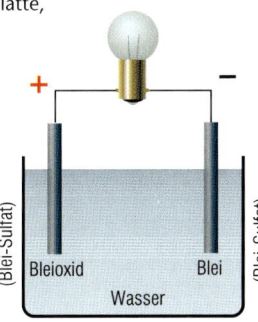

verbindet. Zur gleichen Zeit strömt der Schwefel der Säure in die negativen und positiven Platten und verbindet sich mit dem Blei zu einem Blei-Sulfat-Gemisch. Bis jetzt ist alles ruhig verlaufen. Wir fassen zusammen: Der im Elektrolyten enthaltene Schwefel dringt in die Platten ein, während Wasser produziert wird – dadurch wird der Säuregehalt natürlich verdünnt und geschwächt. Beide Platten werden in Blei-Sulfat verwandelt. Sie nähern sich in ihrer Zusammensetzung an und verlieren dadurch ihr Spannungspotenzial, sodass die Zelle schwach wird. Die Batterie ist entladen, wenn sich im Elektrolyten weder Blei noch Säure befinden.

Laden

Beim Laden der Zelle kehrt sich der Prozess um. Aus beiden Platten tritt der Sulfatgehalt heraus und geht wieder in die Elektrolyt-Lösung über; dadurch werden die Platten wieder zu Blei verwandelt. Hierbei wird der Säuregehalt des Elektrolyts stärker. Der durchströmende Ladestrom trennt im Elektrolyten das Wasser in Wasserstoff und Sauerstoff, dieser Prozess wird Hydrolyse genannt. Sowohl der Wasserstoff als auch der Sauerstoff gehen in den Elektrolyten über, der Sauerstoff

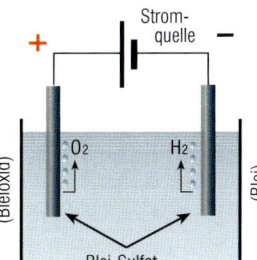

wird dabei freigesetzt, um sich wieder mit dem Blei der positiven Platte zu verbinden und braunes Bleioxid zu bilden. Währenddessen hilft der Wasserstoff dabei, das Sulfat aus der negativen Platte zu ziehen, was zu ihrer Umwandlung in Blei beiträgt. Die leichte Blasenbildung ist auf entweichendes Wasserstoffgas zurückzuführen. Die Zelle ist gut geladen, wenn an der positiven Elektrode kein weiteres Blei mehr zu Bleioxid umgewandelt werden kann und jegliches Sulfat aus der negativen Elektrode ausgetreten ist. Zu diesem Zeitpunkt sind die Elektroden so verschieden wie sie nur sein können. Dadurch haben sie zwischen sich das maximale Spannungspotenzial aufgebaut.

BLEI-SÄURE-BATTERIE

Weil jede Zelle etwa 2 Volt produziert, folgt daraus, dass wir sie zu sechst in Reihe schalten müssen, um die für unsere Bootselektrik benötigten 12 Volt zu erhalten. In industriell gefertigten Batterien bestehen die Elektroden aus Platten mit zwischengesetzten Trennwänden. Die Platten bestehen aus Gittern, die mit einer weichen Bleipaste gefüllt sind. Dies erlaubt es dem Elektrolyten, von den Platten wie von einem Schwamm aufgesogen zu werden. So kann es mit der größtmöglichen Oberfläche reagieren. Die Trennwände sind absorbierende Beläge, die mehrere Funktionen erfüllen: Sie halten die Platten auseinander, während sie den Strom durch den Elektrolyten leiten. Zugleich schützen sie die weiche Paste davor, aus dem Gitter herauszufallen, wie es durch Vibrationen oder raue Handhabung passieren könnte.

Je nachdem, wo Sie einen Blei-Säure-Akku kaufen, wird er verschiedene Zustände haben. Entweder ist er bis zum korrekten Pegel mit Batteriesäure gefüllt. So ist er sofort einsatzbereit, aber schlecht zu transportieren. Oder der Akku ist trocken vorgeladen. Das heißt, dass Sie die Batteriesäure zu Hause auffüllen müssen, die Batterie wird dann nach etwa einer Stunde einsatzbereit sein.

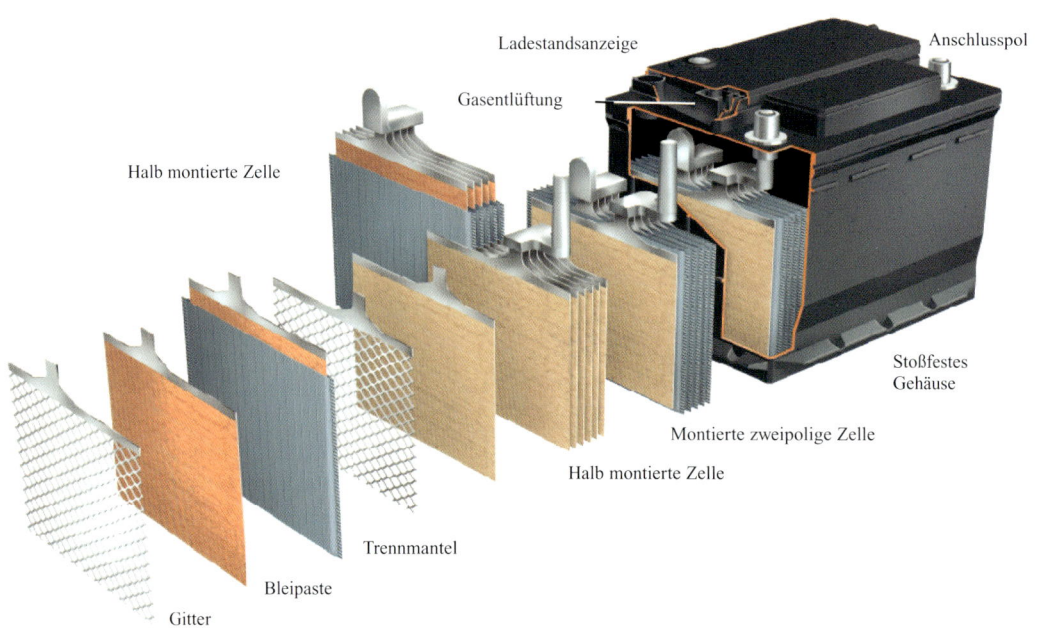

Ladestandsanzeige

Anschlusspol

Gasentlüftung

Halb montierte Zelle

Stoßfestes Gehäuse

Montierte zweipolige Zelle

Halb montierte Zelle

Trennmantel

Bleipaste

Gitter

Überladung

Hier passieren mehrere Dinge, von denen keines gut für die Batterie ist. Bei vollständig geladenem Akku bestehen die positiven Platten aus oxidiertem Blei. Bei weiterer Ladung wird das Blei überoxidieren, was es schwächer und brüchig macht – so wie der ausflockende Rost auf stark oxidiertem Stahl. Dazu kommt noch die Hydrolyse, die Wassermoleküle in Wasserstoff und Sauerstoff spaltet, wenn Strom durch den Elektrolyten geleitet wird. Dies ist ein ganz normaler Vorgang während des Regenerationsprozesses der Zelle. Doch wenn die Batterie vollständig geladen ist, verstärkt sich die Hydrolyse extrem. Elektriker sprechen vom »Überkochen«.

Sauerstoff und Wasserstoff werden von den Platten abgegeben und aus der Batterie herausgeleitet. Der Elektrolyt geht verloren, er muss durch destilliertes Wasser ersetzt werden. Entscheidend ist dabei, dass die Kombination aus Wasserstoff und Sauerstoff ein potenziell explosives Gemisch bildet, was erklärt, warum die Umgebung der Batterie gut belüftet und mit Warnhinweisen gegen Feuer und Rauchen versehen sein muss.

Tiefentladung

Sobald die Entladung beginnt, bildet sich auf den Plattenoberflächen Sulfat. Wenn die Entladung fortgesetzt wird, fungiert das gebildete Sulfat zwischen dem Elektrolyten und dem Plattenmaterial als Barriere. Dies verlangsamt die Reaktion und beschränkt den Strom, der entnommen werden kann. Tiefentladung verwandelt die ursprünglich weichen Sulfatablagerungen in größere und härtere Kristalle, die, einmal entstanden, schwer zurückzubilden sind. Dadurch wird der Akku den Ladestrom schlechter annehmen, außerdem wird die Kapazität reduziert. Dieser Zustand ist als Sulfatierung bekannt und kann nur bedingt – und nur sehr langwierig – rückgängig gemacht werden. Jedoch ist jede Tiefentladung eine schwere Beschädigung der Bleiplatten und trägt zum frühen Ableben der Batterie bei. Es soll noch darauf hingewiesen werden, dass jeder Akku bei der Lagerung ohne Entladung sehr schnell einen Tiefentladungszustand erreichen kann. Blei-Säure-Akkus entladen sich selbst und können ohne externe Stromentnahme an Sulfatierung leiden. Dies erklärt, warum Akkus nicht lange ohne Wartung gelagert werden sollen und besonders im Winterlager regelmäßiger Pflege bedürfen.

Wirkungsgrad

Wir werden alle bald erkennen, dass Batterien nicht sehr effiziente Ausstattungsgegenstände sind. Zur Vermeidung von Beschädigungen ist es wichtig, sie nicht unter 50% ihrer Kapazität zu entladen. Wenn man sie lädt, wird man feststellen, dass sie schnell auf etwa 80% ihrer Kapazität gelangen. Doch danach macht ihr interner Widerstand es zunehmend schwieriger, sie weiter zu laden. Diesem Problem kann man mit modernen Ladegeräten oder Reglern begegnen, die eine Ladung auf etwa 95% ermöglichen. Doch auch dann bleibt nur ein nutzbares Operationsfenster von 35 bis 45% – das ist nicht viel mehr als ein Drittel von dem, was man zu besitzen glaubt. Aufgrund der innern Verluste müssen Generatoren zudem mehr Energie in einen Akku hineinpumpen, als später wieder herauskommt. Für jede abgegebene Amperestunde müssen beim Laden 1,4 Ah aufgenommen werden. Dieser Faktor von 1,4 stellt einem Blei-Säure-Akku zunächst einen Wirkungsgrad von 70% aus. Doch andere Faktoren knabbern an dieser Leistungsfähigkeit. Eine voll geladene Batterie hält eine erhebliche elektrochemische Kraft bereit, um alles mit Strom zu versorgen, was die Lücke zwischen den Elektroden überbrücken kann. Jegliche Verunreinigung im Elektrolyten oder Schmutz am Gehäuse kann neben den Anschlussklemmen einen parallelen Pfad erzeugen, über den sich der Akku selbst entladen kann. Das Gehäuse sauber zu halten und den Elektrolyten nur mit destilliertem Wasser nachzufüllen, minimiert diese Verluste.

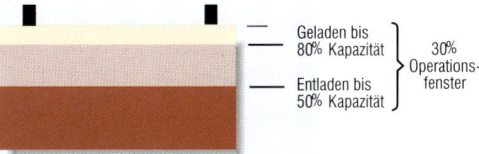

Geladen bis 80% Kapazität

Entladen bis 50% Kapazität

30% Operationsfenster

KAPAZITÄT

Wenn wir uns eine Batterie beschaffen, brauchen wir eine Einheit zur Messung der Menge an Elektrizität, die sie bereithält. Man könnte denken, dass Batterien wie die meisten elektrischen Geräte nach KW oder KWh verkauft werden. Aber Leistung (W) ist ein Produkt aus Spannung und Stromstärke. Da die Spannung einer Batterie während ihrer gesamten Leistungsabgabe nahezu konstant bei 12 Volt bleibt, verbleibt die Stromstärke als einzige Variable. Das ist gut, denn wir wollen wirklich wissen, wie lange die Batterie eine vorgegebene Stromstärke liefern und bereithalten kann, bevor sie ihren Entladezustand erreicht hat.

Eine typische Bootsbatterie wird mit 12V 100Ah beschriftet sein. Doch was bekommen Sie nun für Ihr Geld? Die Theorie sagt: Dieser Akku wird 1 Ampere Strom über eine Dauer von 100 Stunden mit einer konstanten Ausgangsspannung von 12 Volt liefern. Alternativ wird er 2 Ampere über 50 Stunden oder 5 Ampere über 20 Stunden abgeben. Wir können an jedem dieser Beispiele erkennen, dass das Produkt aus Zeit und Stromstärke 100 Ah ergibt. So weit die Theorie.

Zusätzlich ist oft der maximale Startstrom angegeben, welchen die Batterie zu liefern im Stande ist. Dieser Wert ist nur maßgebend für Akkumulatoren, die tatsächlich einen Motor starten sollen. Die Ströme, die zur Versorgung unseres Bordnetzes für Licht, Navigation und Komfort nötig sind, können alle liefern. Wichtig ist aber der folgende kleine Unterschied: In den USA wird die Batterie-Kapazität über eine vorgegebene Entladungsdauer von 20 Stunden bewertet, was bedeutet, dass eine 100 Ah-Batterie einen gleichbleibenden Strom von 5 Ampere über 20 Stunden abgeben muss. In Europa werden jedoch manche Batterien über einen Zeitraum von 10 Stunden* bewertet, während andere Hersteller das amerikanische System anwenden.

Die Zeit, über welche die Batterie bewertet wird, ist oft nicht angegeben. Es ist wichtig, danach zu fragen, weil es deutliche Unterschiede zwischen Batterien gibt, die über 20 und 10 Stunden bewertet wurden. Bei gleichem Ah-Wert ist die 10-Stunden-Bewertung vorzuziehen: Diese Batterie kann mehr Energie speichern.

* Die 10-Stunden-Bewertung stammt aus der Frühzeit des Automobilbaus, als man an eine sinnvolle Ausgangsleistung für ein Auto dachte, das im Verkehr niemals länger als 10 Stunden auf der Straße war. Die damals eingesetzten Gleichstrom-Generatoren lieferten bei niedriger Motordrehzahl nur sehr wenig Strom, sodass die Batterie oft die Versorgung der Verbraucher übernehmen musste.

Kapazität und Stromentnahme

Wenn wir unsere 100Ah-Batterie (20 Stunden-Rate) mit verschiedenen Entladeströmen belasten, werden andere Fakten klar. Bei kleinen Lade- und Entladeraten verändert sich die Spannung nur wenig. Mit genügend Zeit können die inneren Teile der Platten gut am chemischen Prozess teilnehmen und bilden keine wesentlichen internen Widerstände. Die Batterie wird nahezu die gleiche Anzahl von

Amperestunden abgeben, die auch hineingeladen wurde. Doch bei hohem Entladestrom bildet sich schneller Bleisulfat, das den Zugang ins Innere der Platten behindert, die Reaktion verlangsamt und den Stromfluss bremst. Der interne Widerstand steigt an und die Entladeschlussspannung ist schneller erreicht, sodass der Akku beim Entladen nur einen Bruchteil seiner Kapazität bietet.
Die Schlussfolgerung ist also, dass wir bei Messungen der Batteriekapazität die meisten Amperestunden beim geringsten Stromfluss erhalten. Der Preis, den man für hohe Ströme bezahlt, ist eine klare Verringerung der Batteriekapazität. Bei Entladeströmen, die kleiner sind als der für die 20 Stunden-Bewertung angewendete, werden wir sogar mehr Amperestunden erhalten, als die Theorie erwarten lässt. Das bedeutet, dass die Entladung einer Batterie abseits der nominellen Amperestunden-Bewertung signifikante Auswirkungen auf die Batteriekapazität hat.

Entladungskurven für eine 100Ah-Batterie (20 Stunden-Rate)

Batteriespannung unter Last

14,2V — 12,8V — 11,6V — 10,4V —

Entladeschlussspannung

400A x 0,2Std. =80Ah

50A x 1,8Std. =90Ah

5A x 20Std. =100Ah

1A x 120Std. =120Ah

400 Ampere

30 Ampere

5 Ampere

1 Ampere

Sekunden   Minuten   Stunden   Tage

Zeit

Entladeschlussspannung

Die Zeit zur Entladung einer Batterie hängt von ihrer Kapazität und dem entnommenen Strom ab. Die Art und Weise, wie dieses geschieht, kann grafisch gezeigt werden. Die Spannung an den Polen einer vollständig geladenen Batterie liegt bei etwa 12,8 Volt. Sie beginnt unverzüglich zu fallen, sobald ein Verbraucher angeschlossen wird. Bei fortlaufender Belastung fällt die Spannung allmählich bis auf 11,6 Volt ab. Ab hier sollte die Batterie sicherheitshalber nicht weiter entladen werden. Obwohl sie notfalls durchaus noch weitere Leistung abgeben kann (in geringen Mengen), würde eine weitere Entladung der Batterie ernsthaften Schaden zufügen. Die Platten würden stark sulfatieren, die stärkeren Zellen können die schwächeren in eine umgekehrte Polarität ziehen (siehe Seite 25). Unterhalb von 11,6 Volt fällt die Spannung steil ab. Wenn sie 10,4 Volt erreicht hat, trifft

sie auf den so genannten nominellen Schwellenwert oder die Entladeschlussspannung. Weiter darf man definitiv nicht gehen. Die Rate, mit welcher der Strom abfließt, beschleunigt offensichtlich den Prozess, und es ist hilfreich, sich die Spannungswerte für Messungen zu merken – sie gelten für 12-Volt-Blei-Säure-Akkus aller Größen.

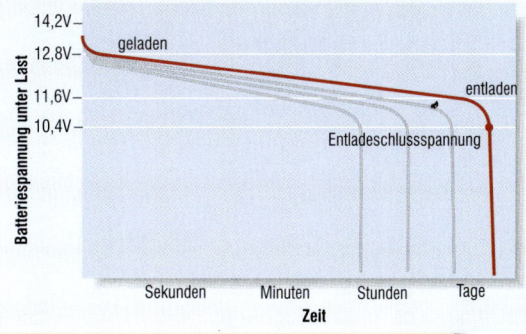

Batteriespannung unter Last

14,2V — 12,8V — 11,6V — 10,4V —

geladen

entladen

Entladeschlussspannung

Sekunden   Minuten   Stunden   Tage

Zeit

ZYKLENBETRIEB

Tiefe Entladung einer Batterie birgt das Risiko, sie zu beschädigen. Dieses regelmäßig zu tun, verringert die Lebensdauer erheblich. Doch gerade eine ausreichende Fähigkeit, solche Entladungen zu überstehen, ist das, was man auf einem Boot haben will. Denn hier gibt es oft lange Lücken zwischen den Nachlademöglichkeiten. Denken Sie an eine Nachtfahrt unter Segeln mit Positionslampen, allen Navigationsinstrumenten in Betrieb, dem Radar am Drehen und Ihrem Autopiloten hart arbeitend – vielleicht wird Ihre gesamte verfügbare Batteriekapazität benötigt, und es gibt keine Möglichkeit, sie kurzfristig wieder aufzufüllen.

Eine Batterie einem Tiefentladungs-Zyklus zu unterziehen bedeutet, sie so nahe wie möglich an die Erschöpfung zu bringen, ohne dass dabei die Spannung unter die Entladeschlussspannung fällt. Dies darf nicht mit dem verwechselt werden, was beim Anlassen des Motor oder dem Betätigen der Ankerwinde geschieht. In beiden Fällen kann die Spannung alarmierend abfallen. Dies ist jedoch keine Tiefentladung, sondern ein kurzer, hoher Stromverbrauch, der die Spannung nur kurz abfallen lässt. Danach wird sich die Batterie schnell wieder erholen.

Tiefentladung erfordert einen gleichmäßigen Stromverbrauch über lange Zeit, dabei wird das aktive Material bis tief in die Bleiplatten hinein benutzt. Manche Akkus tolerieren Zyklenbetrieb besser als andere – ein Thema, auf das wir weiter hinten in diesem Kapitel eingehen werden.

Erholung

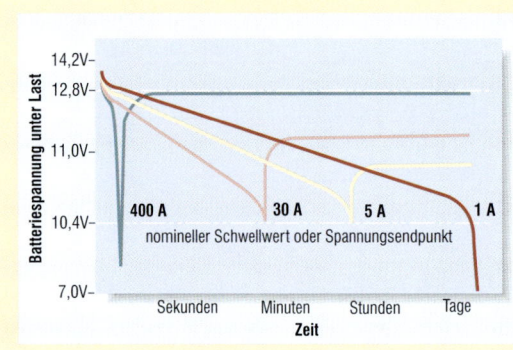

Es ist hilfreich, sich die verschiedenen Entladungsraten der Batterie anzusehen, um herauszufinden, wie diese sich nach dem Trennen der Verbraucher erholt. Bei niedrigen Lasten wird kaum ein Effekt zu sehen sein, die Spannung bleibt auf dem gleichen Wert wie vor dem Trennen. Je höher die Last, desto schneller fällt die Spannung, doch wird sich die Batterie nach dem Trennen auch besser erholen. Mit anderen Worten sind sowohl der Spannungsabfall wie auch die Erholung umso stärker, je mehr Strom fließt.

AMPERESTUNDENZÄHLER

Es ist möglich, den Wert der in den Akku geleiteten Ladung und die verbrauchte Energie im Kopf mitzurechnen, um die verbliebene Ladung zu ermitteln. Doch würde dies verständlicherweise zu Kopfschmerzen und höchstwahrscheinlich zu Ungenauigkeiten führen.

Zum Glück sind elektronische Vorrichtungen erhältlich, die diese Arbeit für uns erledigen können. Sie werden Amperestundenzähler genannt und wie unten gezeigt mit der Batterie verbunden. Über einen Messwiderstand (Shunt) sind sie in der Lage, den der Batterie zu- und abfließenden Strom zu registrieren und über die Zeit aufzusummieren, während das integrierte Voltmeter die Spannung an den Batteriepolen überwacht. Ein kleiner Computer im Gerät führt sozusagen Konto über die Strommenge, die gerade in der Batterie gespeichert ist, und kann eine Reihe von weiteren Informationen anzeigen. Einige Amperestunden-Messgeräte können durch die Verwendung eines Doppel-Shunts zwei getrennte Batteriegruppen zur gleichen Zeit überwachen (siehe Seite 74).

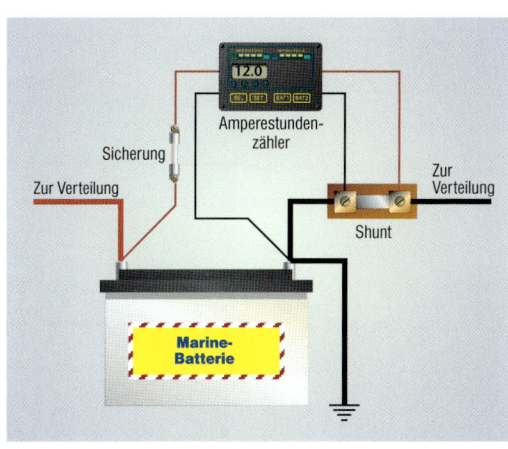

Die Zeichnung zeigt, wie das Amperestunden-Messgerät, der Messwiderstand (Shunt) und die Batterie verbunden werden. Die LED-Lampen rechts zeigen den momentanen Ladezustand der Batterie. Sobald eine gelbe Lampe leuchtet, sollte der Akku geladen werden.
Jegliches rotes Leuchten muss vermieden werden, da dann eine Tiefentladung mit der Gefahr der Sulfatierung vorliegt.
Das LCD-Display am Messgerät zeigt eine Vielzahl an Informationen über die Batterie.

BATTERIE-GRÖSSE

Vor dem Kauf einer Batterie sollte jeder Bootsbesitzer eine Energiebilanz für sein Schiff erstellen, um den aus seinem Lebensstil resultierenden Energieverbrauch zu kalkulieren. Dieses ist natürlich besonders wichtig, wenn Sie das komplette elektrische System von Grund auf neu konstruieren. Und es ist auch keine schlechte Idee, dieses ebenso oft mit existierenden Installationen durchzuführen, deren Anforderungen über die Jahre mit neuen Verbrauchern und Bestückungen wachsen.

Energiebilanz

Als Beispiel sehen wir uns eine typische mittelgroße Yacht an. Wir beginnen unsere Prüfung mit dem Erstellen einer Liste aller elektrischen Verbraucher und notieren die Anschlusswerte. Sie sind normalerweise irgendwo am Gerät in Watt angegeben. Durch das Dividieren der Leistung durch 12 (Volt) erhalten wir die Stromaufnahme in Ampere, die für uns leichter zu handhaben ist. Sie führt direkt zu den Amperestunden, dem Standard zum Definieren der Batteriekapazität.

Die nächste Aufgabe ist die Schätzung der Stunden, die jedes Gerät an einem durchschnittlichen Segeltag eingeschaltet ist. Durch Multiplizieren mit der Stromaufnahme erhalten wir den jeweiligen täglichen Verbrauch in Amperestunden, die wir in einer Tabelle wie gezeigt auflisten. Das Endergebnis der Tabelle ist der tägliche durchschnittliche Gesamtverbrauch an Strom auf diesem Boot. Mit diesem Wert sind Sie in der Lage zu entscheiden, welche Batteriekapazität Sie benötigen. Bedenken Sie, dass Sie höchstens 45%

der angegebenen Kapazität nutzen können, wahrscheinlich sind es bloß 30 bis 35% (siehe Leistungsfähigkeit, Seite 25). Für einen täglichen Verbrauch von 80 Amperestunden müssen Sie also zwei 100Ah-Batterien beschaffen, aber nur, wenn Sie ein sehr effizientes Ladesystem und vielleicht einige zusätzliche Stromquellen wie einen Windgenerator oder eine Solaranlage besitzen. Eine Gesamtkapazität von 300 Ah wäre vernünftiger und gäbe Ihnen einen Puffer gegen den natürlichen Kapazitätsverlust, der im Laufe der Jahre unweigerlich auftritt.

Das oben Gesagte gilt nur für Batterien, die ausschließlich der Bordversorgung dienen. Der Motor hat normalerweise seine eigene Starterbatterie. Wenn Sie jedoch nur eine einzige Batteriebank sowohl für den Motor als auch für die Bordversorgung benutzen (siehe Seite 61), müssen Sie weitere Kriterien bei der Wahl von Batteriekapazität und -typ beachten (siehe Seiten 32–33).

Verbraucher	Stromstärke (A)	Betriebsstunden	Amperestunden
Kabinenlampen (3)	3	3	9
Funk	1	8	8
Kühlschrank	5	8	40
Instrumente	0,5	8	4
Radio/Stereo	1	4	4
Autopilot	1,5	3	4,5
Positionslampen	2	6	12

81,5 Ah

also etwa **80 Ah**

LICHTMASCHINEN-GRÖSSE

Nachdem Sie ermittelt haben, welche Kapazität Sie brauchen, müssen Sie die benötigte Ausgangsleistung der Lichtmaschine bestimmen. Diese soll die Batterien laden und muss gleichzeitig auch die Bordversorgung übernehmen. Es gibt verschiedene Faustregeln, die üblichste heißt Eins-zu-fünf-Regel: Danach wird der Ladestrom ein Fünftel der gesamten Batteriekapazität betragen, für zwei Akkus mit zusammen 200Ah benötigen Sie also eine Lichtmaschine mit einer Ausgangsleistung von 40 Ampere. Allerdings ist diese Regel nicht sehr praxisnah und kann Ihnen chronisch ungenügend geladene Akkus bescheren. Eine Lichtmaschine, die mehr als diesen Strom liefern kann, ist nicht schädlich für Ihre Batterien, im Gegenteil: Der Ladevorgang wird bei stark entladenen Akkus beschleunigt. Wir benötigen also eine den bootstypischen Anforderungen entsprechende Berechnung.

Ladestromquellen

Stellen wir uns vor, wir hätten abgesehen von der Anlasserbatterie, die konstant voll geladen verbleibt, eine Batteriekapazität von 200Ah. Da wir sie nicht weiter als 50% entladen dürfen, teilen wir die Kapazität durch zwei und erhalten maximal 100 Ah. Jetzt wären wir verleitet, daraus zu schließen, dass die Lichtmaschine in der Lage sein muss, wieder 100 Amperestunden in sie hineinzuladen. Doch ist dies nicht immer möglich. Die meisten Standard-Bootsmotoren haben relativ einfache Regler, die eine Ladung nach der so genannten W-Kennlinie bewirken (siehe Seite 56). Damit werden Sie in vertretbarer Zeit nicht mehr als 80% der Gesamtladung in den Akku bekommen. So verbleiben uns also aus unseren 100 Ah nur 80 Ah, die wir wieder entnehmen können. Die nächste Frage an uns selbst lautet: Wie schnell brauchen wir sie? Hier ist die Gleichung dazu: $I = C/T$ Wobei I der Ladestrom, C die Netto-Kapazität und T die Ladezeit in Stunden ist. Letztere hängt vom Bootsbesitzer und dem Einsatz des Bootes ab. Ein Motorboot-Skipper, dessen Motor während der Reise ohnehin läuft, würde gegen eine sechsstündige Ladephase nichts einwenden. Der Hochseesegler wünscht sich dagegen eine nur halbstündige Ladezeit, da der laufende Motor dem Grundgedanken des Segelns widerspricht. Die Batterien können den Strom allerdings so schnell gar nicht annehmen.

Den Mittelweg geht vielleicht ein Wochenend-Segler, der den Motor täglich für eineinhalb Stunden laufen lässt, so dass für die gegebenen 80 Ah/1,5 = 50 A benötigt werden. Doch man muss den Wirkungsgrad der Batterie in die Rechnung mit einbeziehen – etwa 70% (siehe Seite 25). Das bedeutet, dass für jede in den Akku gepumpte Amperestunde 1,4 Ah Ladung erforderlich sind. So sind 50A x 1,4 = 70 A, die benötigt werden, um unsere Batterien tatsächlich in eineinhalb Stunden wieder voll aufzuladen. Unglücklicherweise haben wir es dennoch bislang nicht geschafft, denn wir müssen noch den Strom addieren, der für den Weiterbetrieb der Elektrik während der Ladezeit erforderlich ist. Diesen müssen Sie selbst bestimmen, die Strombilanz gibt dafür einen Anhaltspunkt. Wenn es 10 Ampere sein sollten, müssen wir nach einer Lichtmaschine mit mindestens 80 A Ausschau halten – was deutlich mehr ist als aus der Eins-zu-fünf-Regel hervorgeht. Lassen Sie uns zum Hochseesegler zurückkehren, der seine Maschine nur eine halbe Stunde pro Tag laufen lassen will. Angenommen, er hat ebenfalls eine 80-A-Lichtmaschine – was kann er machen, um sein Strom-Defizit von 50 bis 60 Amperestunden auszugleichen? Die populärste Lösung ist der Einsatz von Windgeneratoren oder Solarzellen. Eine typische gut durchdachte Anlage kann bequem einen Zusatzladestrom von 4 Ampere über 12 Stunden produzieren, und trägt so nahezu 50 Ah zur Gesamtmenge bei.

31

BATTERIETYPEN

Das richtige Aussuchen des Akkus ist sehr wichtig, da die meisten Typen entweder ausdrücklich für Spezialaufgaben vorgesehen oder in bestimmten Anwendungen besser als Andere sind. Von Außen sehen sie vielleicht nahezu gleich aus, doch das Entscheidende spielt sich unsichtbar innerhalb der Gehäuse ab.

Bei Blei-Säure-Akkus gibt es drei grundlegend verschiedene Typen: So genannte offene Batterien sind zu öffnen,

Starter-Batterien

Diese Akkus sind dazu konstruiert, kurze Energieschübe zu produzieren, und haben generell eine geringe Kapazität. Sie besitzen eine große Anzahl dünner Platten, die gemeinsam die große Oberfläche bieten, welche zur Abgabe hoher Ströme nötig ist.

Die Platten sind absichtlich dünn gehalten, weil dies dem Elektrolyten erlaubt, in der kurzen Zeit des Motorstartens sehr viel Material umzuwandeln. Die große Oberfläche reduziert die Stromdichte und minimiert dabei sowohl die Sulfatstärke als auch den internen Widerstand. Wenn Sie eine Starterbatterie im Bordnetz einsetzen wollen, werden Sie Probleme bekommen, weil Zyklenbetrieb hier verstärkte Sulfatierung verursacht. Und eine sulfatierte Starterbatterie wird nur mühevoll überleben. Die dünnen Platten werden sich wahrscheinlich verziehen und sind allgemein verwundbarer für die Belastungen bei tiefer Entladung. Das fast sichere Ergebnis wird sein, dass kleine Sulfatbrocken von den Platten abfallen und sich am Boden des Gehäuses sammeln. Irgendwann werden die Platten einzelner Zellen dadurch kurzgeschlossen und der Akku damit nutzlos. Ladezyklen: sehr wenige, auch wenn sie selten Tiefenzyklen ausgesetzt sind.

Die zwei aufgeschnittenen Batterien oben zeigen den Unterschied zwischen der Starter- und der Freizeit-Batterie, wenn man die Stärke und die Anzahl der Platten betrachtet. Rechts ist eine Tiefenzyklen-Batterie gezeigt.

Freizeit-Batterien

Diese Akkus sind toleranter gegenüber tiefer Entladung. Obwohl sie oft mit Traktions-Batterien verwechselt werden, sollten sie besser »Semi-Traktions«-Batterien genannt werden. Eine Freizeitbatterie besitzt dickere aber weniger Platten, die auf einer kleineren Fläche mehr aktives Plattenmaterial enthalten, um eine höhere Kapazität zu bieten. Die inneren Regionen der Platten sind für den Elektrolyten nicht so leicht zugänglich, weswegen sie nicht in der Lage sind, hohe Anlasser-Ströme zu liefern.

Allerdings werden sie manchmal für diesen Zweck benutzt, besonders wenn zum Bau eines Haupt-Batteriesatzes im Boot mehrere Akkus parallel geschaltet sind. Doch solch ein Aufbau nimmt unvermeidlich einiges der Flexibilität von Systemen mit zwei Batterien, bei denen jede unabhängig genutzt werden kann. Ladezyklen: 200 bis 300

um den Säurestand zu kontrollieren und nachzufüllen. Wartungsfreie sind geschlossen, haben aber ebenfalls flüssige Elektrolyten. Bei Gel-Batterien ist die Säure eingedickt, sie sind völlig lageunabhängig. Verschiedene Batterietypen können nicht kombiniert werden, da die Bedingungen beim Laden nicht zusammenpassen. Das kann entweder für schwache Leistung sorgen oder zu Überladung führen. Ernsthafte Schäden sind jeweils die Folge.

Mehrzweck-Batterien

Diese Akkus bieten einen Kompromiss zwischen Starter- und Freizeit-Batterien: eine hohe Kapazität, Toleranz gegen hohe Ströme und Zyklenbetrieb sowie ein einigermaßen langes Leben. Sie bieten sich für ein Ein-Batterien-System bestens an.
Ladezyklen: etwa 200

Wartungsarme Batterien

Obwohl ideal für Fahrzeuge wie Jet-Skis, die viel herumspringen, sind solche Typen für Segelboote, wo sie unvermeidlich dem Zyklenbetrieb ausgesetzt sind, nicht richtig geeignet. Das Problem tritt auf, wenn ihre Entladung unter 40% gerät, von wo an weder ein Generator noch ein normales Ladegerät sie wieder aufpäppeln können. Sie können auch durch Überladung beschädigt werden. Die entstehenden Gase werden normalerweise innerlich wieder absorbiert, doch wenn zu stark geladen wird, lässt das Überdruckventil den entstehenden Druck ab, Elektrolyt entweicht. Da die Flüssigkeit nicht ersetzt werden kann, bleibt der Schaden dauerhaft.
Ladezyklen: 100 bis 150

HEAVY DUTY	656		DIN EQUIV	62514	
AMP HOUR	126	AH	CCA SAE	810	AMPS
OTHER EQUIV	356		IEC	545	AMPS
RESERVE CAPACITY	220	MINS	CCA DIN	490	AMPS

12 VOLTS — DANGER/DANGER — SHIELD EYES/PROTEGER LES YEUX — SULPHURIC ACID/ACIDE SULFURIQUE — NO SMOKING/NE PAS FUMER — GAS EXPLOSIVE/GAZ EXPLOSIFS — KEEP AWAY FROM CHILDREN

Oben: Ein als Hochleistungs-Batterie (Heavy Duty) angebotener Akku. Die Details sind auf dem Aufkleber zu erkennen. Seine Kapazität beträgt 126 Amperestunden und seine Reservekapazität ist 220 Minuten. Letzteres bedeutet laut Norm, dass der Akku bei 25 °C während dieser Zeit konstant 25 Ampere Strom abgeben kann, bevor die Spannung auf 10,5 Volt abfällt. Für den Kaltstartstrom (Cold Cranking Amps, CCA) werden zwei Messungen vollzogen, einmal nach SAE-Standard und einmal nach DIN. Der CCA-Wert ist der minimale Strom, den der Akku bei –18 °C über 30 Sekunden liefern kann, bevor er auf 7,2 Volt abfällt – ein wichtiger Wert, wenn man die Batterie in nordischem Klima einsetzt.

Links: Ein geschlossener Blei-Säure-Akku. Das kleine runde Sichtfenster oben links ist eine Ladestandskontrolle, die nach Art eines Säurehebers funktioniert (siehe Seite 35).

Gel-Batterien

Auch »Dry-Cell« genannt. Diese Akkus besitzen als Elektrolyt ein zähflüssiges Gel und sind sehr beliebt, weil sie nicht auslaufen können. Außerdem arbeiten sie in jeder Lage. Wie bei geschlossenen wartungsarmen Batterien werden die Gase in den Elektrolyten zurückgeführt, nur für die Überladung gibt es ein Sicherheitsventil. Gel-Batterien sind tolerant gegen Zyklenbetrieb und ihre Selbstentladungsrate ist so gering, dass sie ihre Ladung über den ganzen Winter halten können. Sie überleben zudem, wenn sie entladen stehen gelassen werden, weswegen sie für die Härten des Lebens an Bord geeignet sind. Unglücklicherweise sind sie nicht für konventionelle Ladetechniken geeignet und reagieren intolerant auf jegliche Überladung oder Schnellladesysteme, obwohl sie eine höhere Ladespannung als Blei-Säure-Akkus benötigen. Dies erfordert eine spezielle und kontrollierte Ladung, um Überhitzung zu verhindern, da das Gel ein schlechter Wärmeleiter ist. Auch haben sie einen höheren inneren Widerstand, sodass sie keine sehr hohen Ströme (z.B. zum Starten) abgeben können. Schließlich kommen noch die Kosten: Sie sind etwa doppelt so teuer wie herkömmliche Blei-Säure-Akkus.
Ladezyklen: 400 bis 800

AGM

Steht für »Absorbierende Glas-Matten«. Eine neue Generation von Batterien, deren Trennschichten aus Glasfasermatten bestehen, die den Elektrolyten zwischen den Platten durch Kapillarwirkung aufsaugen. Dies erlaubt es den Ionen, leichter in die Platten zu ziehen als sie es bei einer Gel-Batterie könnten.
AGMs sind sowohl sehr tolerant gegen Zyklenbetrieb als auch in der Lage, hohe Startströme zu liefern. Weil ihr Elektrolyt vollständig in den Matten aufgesogen ist, kann selbst im Falle eines gebrochenen Gehäuses nichts auslaufen.
Ladezyklen: 800 bis 1000

Spiral-Zellen

Eine Variante der AGMs, bei der jede Zelle aus nur einer negativen und einer positiven Platte mit einer Glasfasermatte dazwischen besteht und alles zu einer festen Spirale verdreht ist. Dieses ermöglicht eine große Oberfläche, sodass der interne Widerstand extrem niedrig ist. Andere Vorteile sind die hohe mechanische Stabilität, keine Platten-Ablagerungen, eine sehr niedrige Selbstentladungsrate (laut Hersteller »Optima« soll die Ladung nach vier Jahren noch zum Motorstart genügen) und kein Gasen, solange sie nicht überladen wird.
Ladezyklen: 800 bis 1000

Traktions-Batterie

Üblicherweise werden sie in Elektro-Gabelstaplern oder Golfwagen eingesetzt. Die Akkus haben rohrförmige Platten und werden oft als 2-Volt-Einheiten verkauft (was sechs Stück erfordert, um auf 12 Volt zu kommen). Sie sind extrem robust und können bis auf etwa 10% ihrer Kapazität entladen werden – was sie für die Bordversorgung ideal macht. Allerdings sind sie zum Starten des Motors ungeeignet, sodass es entscheidend ist, hierfür eine andere Batterie zu besitzen. Nahezu unzerstörbar sind Traktions-Batterien eine sehr attraktive Option für Hochseesegler.
Ladezyklen: 1000 und mehr

Kohlefaser-Zellen

Diese exzellenten Leiter werden in der Konstruktion der Zellengitter eingesetzt, welche die Paste zusammenhalten. Millionen von Carbon-Strängen bilden eine riesige Oberfläche und erlauben so eine schnelle und wirksame Ladung. Die Fasern fungieren zudem als kapillare Pumpen, um die Säure tiefer in die Platte zu saugen. So wird sowohl die Sulfatierung reduziert als auch die Kapazität gesteigert.
Ladezyklen: 1000

ÜBERWACHUNG

Es ist sehr wichtig zu wissen, wie viel Elektrizität sich noch in der Batterie befindet. Unglücklicherweise gibt eine Spannungsmessung an den Polen keine gute Auskunft, da der Unterschied zwischen einer voll geladenen und einer völlig entladenen Batterie gering ist: 12,8 zu 11,6 Volt. Der gerade fließende Strom hat wesentlich größere Auswirkungen auf die Spannung.

Eine bessere Methode ist die Messung der Elektrolyt-Stärke, da der Säuregehalt während des Entladens stetig abnimmt. Reine Schwefelsäure hat die 1,83-fache Dichte von Wasser (ein Milliliter wiegt 1,83 Gramm). Dies kann mit einem Hydrometer gemessen werden. Das ist im Prinzip eine Spritze mit einem beschwerten Schwimmer und einer Balgpumpe. Eine Probe des Elektrolyts wird in das Hydrometer gezogen, der Schwimmer taucht entsprechend tief ein und die Dichte kann an der Kalibrierung des Schwimmers abgelesen werden. In Batterien wird verdünnte Säure benutzt. Voll geladen liegt die Dichte bei 1,26, bei völlig entladener Batterie fällt sie auf 1,12 ab.

Die Tabelle zeigt die Dichte der Batteriesäure im Verhältnis zur Spannung und dem Ladezustand. Je höher die Dichte, desto besser, da der Elektrolyt mehr Säure enthält und besser leitet. Dies erklärt, warum höhere Ströme nur aus voll geladenen Batterien entnommen werden können. Es erklärt zudem, warum man niemals Batterien vollständig entladen sollte. Hierbei kann jeglicher Säuregehalt im Elektrolyten verbraucht werden und reines Wasser zurückbleiben, dessen niedrige Leitfähigkeit erneuter Ladung im Wege steht.

Oben: ein Hydrometer.

Ganz links: nähere Details der Schwimmerabstufungen.

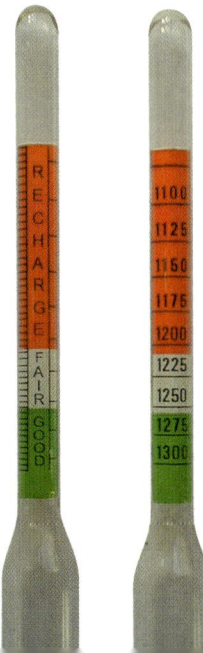

Ladezustand	Dichte	Spannung
100%	1,265	12,7
75%	1,225	12,4
50%	1,190	12,2
25%	1,155	12,0
Entladen	1,120	11,9

Die Sulfatierung von Batterien beginnt, wenn die Dichte unter 1,225 oder die Spannung unter 12,4 Volt fällt.

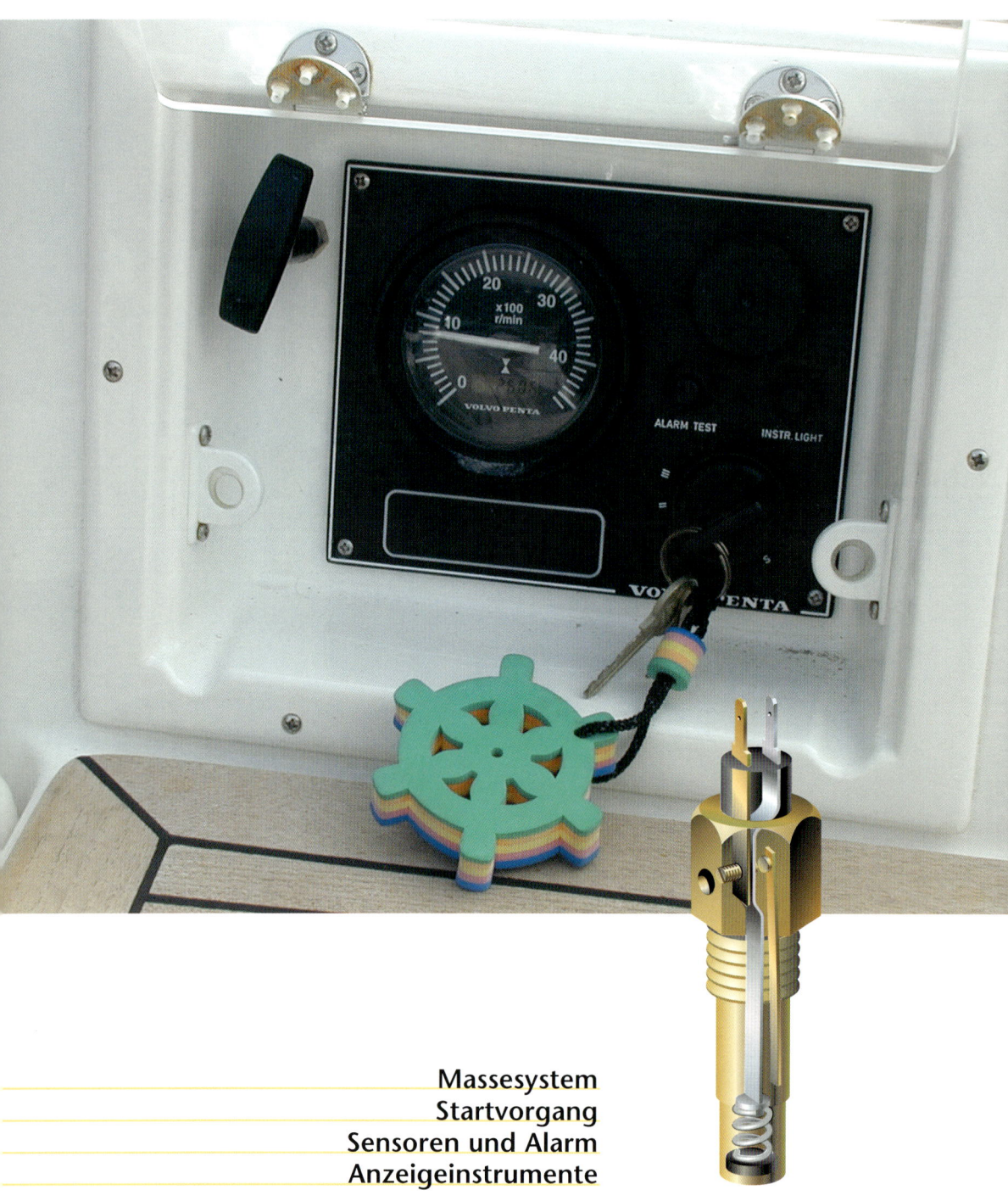

Massesystem
Startvorgang
Sensoren und Alarm
Anzeigeinstrumente

ELEKTRISCHE SYSTEME DES MOTORS

ELEKTRISCHE SYSTEME DES MOTORS

KAPITEL 3

STARTEN SIE DEN MOTOR

Wann haben Sie das letzte Mal einen Motor von Hand gestartet? Wenn man auf eine der großen Bootsausstellungen geht, wird man schnell feststellen, dass keine der modernen Dieselmaschinen eine Handstart-Vorrichtung besitzt – die einzige Notstartmöglichkeit liegt in einer Ersatzbatterie. Schließlich besitzen die schadstoffarmen Motoren mit günstigem Verbrauch auch eine ganze Menge Elektrik, ohne die sie gar nicht anspringen können. Den Sinn solcher Entwicklungen können wir in Frage stellen, doch besteht kein Zweifel: Dies ist die Realität, ob wir es mögen oder nicht. Für jeden Bootsbesitzer ist es also äußerst wichtig, das elektrische System des Motors zu kennen und zu verstehen.

DAS MASSESYSTEM

Im ersten Kapitel haben wir die Vorteile des parallelen Anschließens verschiedener Verbraucher über ein Zwei-Kabel-System mit Plus- und Minus-Leitungen an die Batterie gesehen. Ein so verkabelter Motor wird als so genanntes zweipoliges System bezeichnet. Dieser Aufbau ist nicht sehr üblich und wird nur selten auf Booten aus Aluminium eingebaut. Denn es lässt sich eine Menge Kupferkabel und Verdrahtungsaufwand einsparen, wenn die elektrisch leitende Masse des Motorblocks als Minus-Seite des Stromkreises benutzt wird. Solch ein Aufbau wird Massesystem genannt und ist bei weitem die gebräuchlichste Variante. Den meisten Leuten ist dieser Aufbau aus ihren Autos bekannt. Auch hierfür gelten die Prinzipien des Parallel-Stromkreises.

Zweipolige Systeme

Der einfachste Stromkreis besteht aus einer Batterie, die einen Verbraucher (der Einfachheit halber eine Lampe) über zwei Leitungen mit Strom versorgt (Abb. 1). Dabei muss beachtet werden, dass definitionsgemäß der Strom aus dem Pluspol der Batterie heraus durch den Stromkreis und in den Minuspol zurück fließt. Wenn wir eine große Zahl verschiedener Verbraucher an die Batterie anschließen wollen, geschieht dies parallel, damit sichergestellt wird, dass an jedem Gerät die gleiche Spannung anliegt (Abb. 2). Jetzt stellen wir uns vor, ein Metallblock wäre der Motor und die Lampen wären Hilfsgeräte, also z.B. Instrumentensensoren, Lichtmaschine und Anlassermotor. Abb. 3 zeigt einen Aufbau, in dem jedes Gerät vom Motorblock isoliert ist und seine eigenen Kabel besitzt. Dieser Aufbau repräsentiert das Prinzip des isolierten zweipoligen Systems und ist sehr unüblich, obwohl er in der Theorie bevorzugt wird. Bei Booten mit Rümpfen aus Aluminium ist dieses System unter Umständen notwendig um den Motorblock vom Schaltsystem zu isolieren. Kriechströme können sonst eine Zerstörung des Rumpfes durch elektrolytische Korrosion verursachen. Einfacher lässt sich diese jedoch durch einen vom Rumpf isolierten Einbau des Motors verhindern.

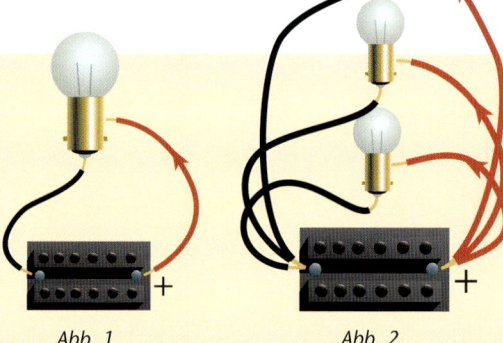

Abb. 1   *Abb. 2*

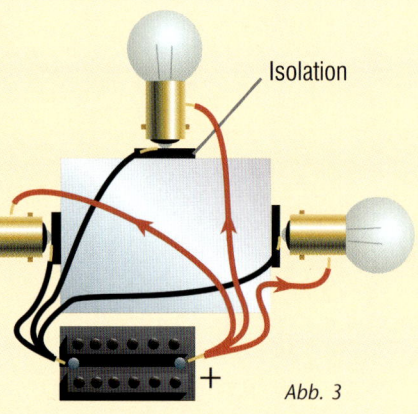

Isolation

Abb. 3

MOTORELEKTRIK

Grundsätzlich trennt sich die Motorelektrik in zwei Sektionen – das Motorsystem im Maschinenraum und das Motor-Bedienpanel im Cockpit oder Armaturenbrett (siehe Anhang A und B), egal was der Motorenbauer geliefert hat oder nicht. Sind Motor und Panel im Schiff montiert, werden sie mit einem gemeinsamen Kabelbaum verbunden. Dieser hat Äste mit Verbindungsstellen an jeder Seite, und jeder Stecker und jedes Kabel ist entweder nummeriert oder codiert.

Wir können die Funktion des kompletten Systems verfolgen, wenn wir den Zündschlüssel auf den nächsten Seiten langsam durch seine verschiedenen Stufen drehen und die Auswirkungen beobachten. Übrigens ist der Begriff »Zündschlüssel« bei einem selbst zündenden Dieselmotor eigentlich falsch, aber weil es sich so eingebürgert hat, werden wir das Wort weiterverwenden.

Massesystem

Standardmäßig benutzen alle Motorenhersteller das so genannte Massesystem, wie es in Abb. 4 gezeigt ist. Hier wird einer der Anschlüsse jedes Verbrauchers mit dem Motorblock verbunden und die leitende Eigenschaft des Motors als eine Seite des Stromkreises genutzt – normalerweise die Minus-Seite. Natürlich bedeutet dies, dass man nur die Hälfte der Kabel benötigt. Das ist nicht nur einfacher in der Verdrahtung und weniger anfällig, sondern es ermöglicht den Motorenherstellern und ihren Kunden zudem eine attraktive Kostenersparnis. Es ist deswegen kaum überraschend, dass die Mehrzahl der Motoren von Freizeitbooten nach diesem Prinzip arbeiten.

Die Minus-Seite der Batterie wird mit Hilfe eines einzigen dicken Kabels mit dem Motorblock verbunden, das als Abfluss des elektrischen Stroms wirkt und üblicherweise Massekabel genannt wird. Dieses System ist der Elektrik in unserem Auto sehr ähnlich und Standard in der gesamten Autoindustrie. Während im Automobilbau ab und zu auch der Pluspol als gemeinsame Masse verwendet wurde, sind Bootsmotoren schon immer mit einer so genannten negativen Masse ausgeführt. Der Hauptgrund dafür, dass Minus die Masse bildet, liegt darin, dass man den Motorblock zur Anode machen will und entsprechend alle externen und internen Bauteile des Gehäuses zu Kathoden werden (siehe dazu Seite 94). Die Begriffe Masse, Null und Erde werden oftmals locker verwendet, und wenn man es nicht sorgfältig überprüft, kann dies zu Verwirrungen oder gar Gefahren führen. Zur Vermeidung von Missverständnissen sollten wir Masse nur für Gleichstrom-Kreise und die Ausdrücke Null und Erde nur für Wechselstrom-Kreise verwenden.

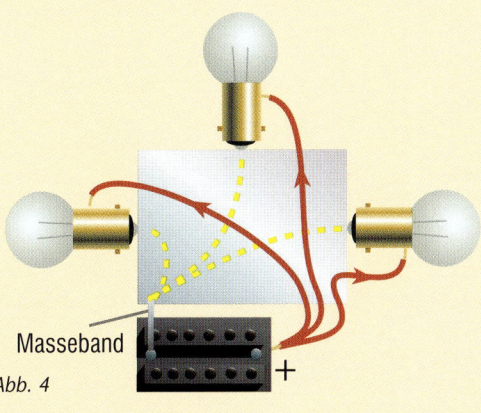

Masseband

Abb. 4

Zündung – An

Wenn der Schlüssel in der OFF-Position steht, sind alle Motor-Stromkreise unterbrochen. Dreht man ihn in die ON-Position, beginnt ein leichter Strom (von etwa 1 Ampere) vom Pluspol (1) der Starterbatterie durch den Batterie-Hauptschalter (2) über Leitung (3) und den Plus-Anschluss des Anlasserrelais* (4) zum Zündschloss zu fließen. Dann werden durch den Zündschlüssel (5) die Instrumente (6) und ihre Lampen mit Strom versorgt, sodass die Anzeigenadeln zu zucken beginnen. Der Strom von den Instrumentenlampen kehrt über das Massekabel (7) des Drehzahlmessers, welches direkt an die Minus-Klemme der Lichtmaschine geklemmt ist, zurück. Die Lichtmaschine ist direkt mit der Masse des Motorblocks verbunden. Von hier wird der Strom von der Minusklemme des Anlassers übernommen, der ebenfalls direkt über den Motorblock mit Masse verbunden ist. Der Rückkehr-Strom wird schließlich über das Massekabel (8) zur Batterie geführt. So wie die Instrumentenlampen ist auch die Minus-Leitung des Voltmeters an das Massekabel des Drehzahlmessers geklemmt, um den Stromkreis zu komplettieren.

Der Strom der Temperatur- und Öldruckanzeigen (14) und (15) kehrt über einen Parallelpfad zu den entsprechenden Geberleitungen (G1) und (G2) zurück. Der Kontakt des Öldruck-Alarmgebers (9) ist normalerweise beim Stillstand des Motors geschlossen, weil zu diesem Zeitpunkt kein Öldruck existiert. Das bedeutet, dass der Stromkreis in Leitung (W2) geschlossen ist, um den Alarmsummer (10) zu aktivieren, wenn der positive Strom vom Summer über die Diode* A an Masse gelangt.
Dies mag einige Leute stören, doch man kann es umgehen, indem man ein Zeitschalt-Relais installiert und eine kleine Veränderung in der Verkabelung vornimmt. Dieser Aufbau verzögert die Aktivierung der Alarmauslösung und ermöglicht es, den Motor zu starten und ihn Öldruck aufbauen zu lassen. Das Belassen des Alarmsystems in seinem Ursprung hat wiederum den Vorteil, dass bei eingeschalteter Zündung ein Warnsignal gegeben und außerdem das Warnsystem bei jedem Motorstart getestet wird.
Die Ladekontrolllampe und ihr eigener Stromkreis (11) spielen eine wichtige Rolle in der Funktion der Lichtmaschine: Einerseits versorgt sie die Lichtmaschine mit Strom, damit diese ihren Betrieb aufnehmen kann (siehe Ladekontrolle auf Seite 54). Wenn sie bei laufendem Motor nicht leuchtet, zeigt das andererseits an, dass ein Ladestrom zur Batterie fließt. Ihr Strom nimmt den Weg über den Spannungsregler der Lichtmaschine.

Siehe Anhang C für Relais und Anhang F für Diode

Zündung – Start

Wenn der Zündschlüssel einen Schritt weiter auf die START-Position gedreht wird, dann schließt der Schalter einen Stromkreis über die Leitung (3) vom Pluspol der Batterie zum Zündschloss (5), die Leitung (12) und die Spule* (13) des Magnetschalters am Anlasser (4) zurück an Masse. Ein stärkerer Strom von etwa 10 Ampere fließt in diesem Kreis, der Magnetschalter spricht an und schließt den Stromkreis für den Startermotor. Der Zweck dieses Magnetschalters liegt darin, den Kontrollstromkreis des Motors vor dem hohen Startstrom zu verschonen: Von der Batterie über die Leitung (3), den Anlasser (4) und das Massekabel (8) zurück fließen jetzt bis zu 400 Ampere, das Zündschloss würde diesem hohen Strom nicht standhalten.

Der Anlasser dreht jetzt den Motor durch, dieser sollte dabei anspringen und Leerlaufdrehzahl erreichen. Dabei wird unverzüglich Öldruck aufgebaut, die Kontakte des Alarmgebers (9) öffnen sich und unterbrechen den Alarm-Stromkreis (W2). Während des Startens ertönt ohnehin bei den meisten Motoren kein Alarm, da in der START-Position des Zündschlosses (5) die Instrumente nicht mit Strom versorgt werden. Wenn der Motor die Startprozedur durchlaufen hat und arbeitet, wird der Zündschlüssel (5) losgelassen und springt durch Federkraft in die ON-Position zurück. Jetzt wird die Stromzufuhr der Magnetspule (13) unterbrochen, die den Anlasserstromkreis öffnet und den Anlasser stoppt. In dieser Position sind alle Instrumente, Sensoren und Alarm-Geber in Betrieb. Für Instrumententafeln mit Druck- und Temperatur-Anzeigen ist es üblich, dass sie nur einen gemeinsamen Alarmgeber (Summer) besitzen. Im Falle eines Alarms erfordert dies einen Blick auf die Instrumente, um den Defekt herauszufinden. Auf einem Armaturenbrett ohne Instrumente gibt es jedoch individuelle Warnlampen – für hohe Kühlwassertemperatur, niedrigen Öldruck und fehlende Batterieladung. Auch hier wird ein gemeinsamer Alarm-Summer eingesetzt. Es ist möglich, dass nach dem Motorstart ein Alarmzustand bestehen bleibt. Meistens ist dies fehlende Batterieladung: Die Lichtmaschine produziert noch nicht genügend Ausgangsspannung, weil sie nicht ausreichend erregt ist (siehe Seite 54). Die Motordrehzahl sollte kurz erhöht werden, bis die Lampe und der Summer ausgehen. Dann kann die Maschine wieder auf Leerlaufdrehzahl gebracht werden, die Lichtmaschine erzeugt nun genügend Strom. Sollte die Öldruck-Kontrolle nach fünf Sekunden noch leuchten, muss der Motor sofort wieder gestoppt werden, sonst drohen Lagerschäden oder Kolbenfresser.

Zündung – Stop

Zum Stoppen des Motors wird bei modernen Maschinen der STOP-Knopf (17) gedrückt, bis der Motor zum Stillstand gekommen ist. Dadurch wird ein an der Kraftstoffpumpe sitzender Magnetschalter (17) aktiviert, der die Kraftstoffversorgung schließt. Sobald der Motor stoppt, fällt der Öldruck ab und der Öldruck-Alarmgeber wird den Summer auslösen. Durch Drehen des Zündschlüssels auf OFF werden dieser und alle anderen Stromkreise der Motorelektrik unterbrochen. Einige Instrumentenbretter besitzen ein Zündschloss mit STOP-Stufe. Hier wird der Schlüssel auf die zwischen OFF und ON befindliche Position ENGINE STOP gedreht. Dann wird der Magnetschalter an der Kraftstoffversorgung wie oben beschrieben aktiviert. Dabei kann das Problem auftreten, dass man den Schlüssel in dieser Position stehen lässt. Der Kraftstoffpumpen-Magnetschalter kann dann durchbrennen oder die Starterbatterie wird entladen.

Bei kleinen Motoren wird die Kraftstoffpumpe mechanisch mit einem Seilzug abgestellt.

Die Abbildungen in Anhang B zeigen mehr Details der elektrischen Verkabelung hinter einem einfachen Armaturenbrett mit Drehzahlmesser und Tankuhr, welches typisch für einen Motor mit einer Leistung von 10 bis 20 PS ist. Die Kabel an der Rückseite des Instrumententrägers sind für einen einfachen Einbau in einem Mehrfachstecker zusammengefasst. Das vom Motor kommende Kabelbündel wird nur eingesteckt. Am motorseitigen Ende des Kabelbaums sind die einzelnen Stecker mit ihren entsprechenden Anschlüssen und Sensoren verbunden.

Siehe Anhang A

Siehe Anhang C für Magnetschalter

SENSOREN UND ALARME

Die Größe und Leistung der Maschine bestimmt oft die Ausführung des Armaturenbretts. Kleinere Motoren besitzen oft nur simple Warnmelder für zu hohe Kühlwassertemperatur, mangelnden Öldruck und fehlende Batterieladung. Größere Maschinen sind mit Instrumenten ausgestattet, die präzisere Angaben über den Zustand des Aggregates machen. Hierzu müssen bestimmte Vorrichtungen zum Messen der Temperaturen und Drücke sowie Anzeigen vorhanden sein, um diese Werte sichtbar zu machen.

Es gibt zwei Typen von Sensoren, welche diese Informationen vom Motor abnehmen: Geber und Schalter. Geber messen Werte wie Öldruck oder Temperatur kontinuierlich und übertragen diese Informationen zum Anzeigeinstrument. Schalter überwachen lediglich einen Minimal- oder Maximalwert, ihre Signale dienen zum Auslösen des Warnmelders.

In einigen Fällen können Geber und Schalter in einer Einheit zusammengefasst sein und einen Multifunktions-Sensor bilden.

Große Motoren können zusätzlich mit einer Getriebe-Verriegelung ausgerüstet sein, die in den Anlasserstromkreis integriert ist. Sie stellt sicher, dass der Motor nur gestartet werden kann, wenn sich Getriebe und Gashebel im Leerlauf befinden. Hiermit soll dem Anlasser das Durchdrehen des Motors erleichtert werden, weil sich die Schiffsschraube nicht mitdreht. Außerdem wird damit sichergestellt, dass das Boot beim Starten der Maschine nicht unvermutet losrast.

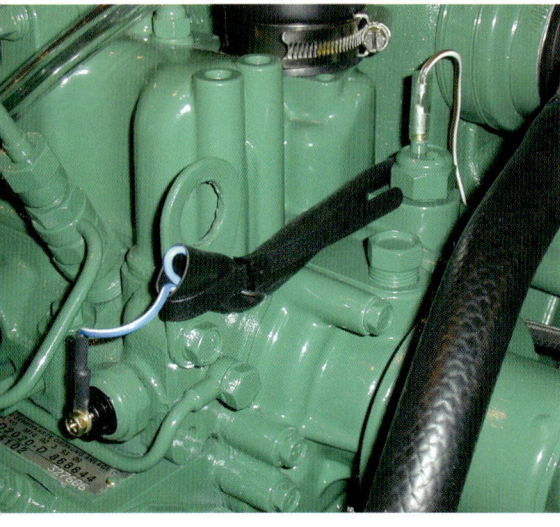

Links unten sitzt ein Öldruck-Schalter und rechts oben ein Wassertemperatur-Geber. Letzterer hat nur einen Anschluss, was anzeigt, dass dieser spezielle Motor keinen Alarmschalter für überhöhte Kühlwassertemperatur besitzt. Die Temperatur wird stattdessen im Anzeigeinstrument überwacht.

Ein weit verbreiteter Fehler: Um das Gewinde gewickeltes Teflonband sorgt für festen Sitz und gute Abdichtung, bewirkt aber leider auch eine Isolierung des Schalters.

Druck und Temperatur

Der Kühlwasser-Temperatursensor (rechts) benutzt ein Thermistor*-Plättchen, dies ist ein Metall, dessen elektrischer Widerstand von der Temperatur abhängt. Er wird mit einem Instrument (14) in Reihe geschaltet. Bei Temperaturänderungen ändert sich auch der durch den Widerstand fließende Strom und entsprechend der Zeigerausschlag. Daher lässt sich die Temperatur am Instrument ablesen. Das einzige bewegliche Teil ist der Bimetall-Schalter* für die Übertemperatur-Warnung. Dieser Schalter enthält eine Lamelle, die aus zwei verschiedenen Metallen mit unterschiedlichen Ausdehnungskoeffizienten besteht. Bei Änderungen der Temperatur verbiegt sich der Streifen. Dieses Verbiegen kann man in einem Stromkreis als Teil eines Schalters einsetzen. Unter normalen Betriebsbedingungen des Motors sind die Kontakte des Schalters offen, bei erhöhter Temperatur schließen sie und lösen Alarm aus.

Zur Temperaturanzeige — **G**

Zur Warnleuchte — **W**

Einstellschraube

Masseverbindung

Bimetallschalter

Thermistor-Plättchen

Zur Öldruckanzeige — **G**

Der Öldruckgeber (16) (links) ist grundsätzlich eine hydraulisch/elektrische Vorrichtung. Der Öldruck wird in eine kleine Kammer geleitet und wirkt gegen eine federbelastete Membrane. Jede Bewegung der Membrane wird in die Bewegung von Hebeln umgesetzt, welche einen Kontaktarm über einen Widerstandsdraht gleiten lassen. Der Widerstandswert zwischen dem Anschluss und Masse hängt also direkt vom Öldruck ab. Auch dieser Geber wird in Reihe zu einem Instrument (15) angeschlossen. Jede Änderung des Öldrucks bewirkt über den veränderten Widerstand und den davon abhängenden Strom einen entsprechenden Zeigerausschlag. So ist der Öldruck am Instrument abzulesen. Der Öldruck-Schalter (unten) ist wieder ein hydraulisch/elektrisches Bauteil, aber einfacher aufgebaut als der

Variabler Widerstand

Membran

Druckkammer

Masseverbindung

Druck-Geber. Das Öl in einem Kunststoffzylinder drückt einen Metallkolben gegen eine Feder. Sobald der Kolben bei ausreichendem Öldruck aus seinem Sitz gehoben wird, öffnet er einen elektrischen Kontakt. Die Feder ist so eingestellt, dass der Kolben bei vollständigem Zusammenbruch des Öldrucks (bis auf 0,1 bar) wieder aufsetzt und den Kontakt schließt: Der Alarm wird ausgelöst. Einige Motorenhersteller kombinieren Öldruckgeber und -schalter in einer Einheit. Dieses Kombigerät gleicht äußerlich stark dem Öldruckgeber, nur dass der Alarmkontakt in den Hebelmechanismus zwischen Membrane und Widerstand integriert ist.

Sowohl die Geber als auch die Schalter benutzen als Masseanschluss das Gewinde, mit dem sie in den Motorblock geschraubt werden. Als Dichtung werden Kupferringe benutzt, die eine gute Abdichtung und einen sauberen elektrischen Kontakt sicherstellen. Es gibt immer wieder Bootsbesitzer, die hier Teflon-Dichtungsband verwenden, weil sie eine sichere Abdichtung erzielen wollen. Vielleicht haben sie Grund dazu, doch sie wundern sich bald darüber, dass kein Alarm ausgelöst wird und das Instrument nichts anzeigt: Das Teflonband unterbricht den Stromkreis. Zudem besteht das Risiko, dass das Dichtungsband beim Einschrauben abreißt und in das Schmiersystem gerät, wo es wichtige Ölleitungen blockieren kann.

Sollte irgendeines dieser drei Warngeräte, z.B. wegen erhöhter Wassertemperatur, in den Alarmzustand versetzt werden, kann der von der Plusleitung (6) kommende Strom über Alarmsummer (10), die entsprechende Diode B und durch den geschlossenen Schalter (W1) zur Masse fließen. Nach dem gleichen Prinzip funktioniert die Öldruck-Warnung, nur dass der Summer-Strom jetzt über die Diode A und Schalter (W2) fließt. Zweck der Dioden ist es, die Alarm-Stromkreise voneinander zu entkoppeln – sonst würden immer alle Warnlampen gleichzeitig aufleuchten.

Zur Warnleuchte — **W**

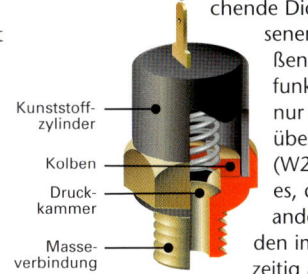

Kunststoffzylinder

Kolben

Druckkammer

Masseverbindung

Siehe Anhang A

---

* *Siehe Anhang C für Thermistor, Bimetallschalter und variabler Widerstand.*

INSTRUMENTE

Die meisten Instrumente sitzen weit weg vom Motor irgendwo im Cockpit. Nahezu alle Instrumente werden durch elektrische Signale von den Sensoren gesteuert, welche die zu beobachtende Größe in elektrische Signale umwandeln. So sind die Messwerte wesentlich leichter durch das Boot zu befördern. Einige Armaturentafeln sind statt mit Instrumenten nur mit Warnlam-

Drehzahlmesser

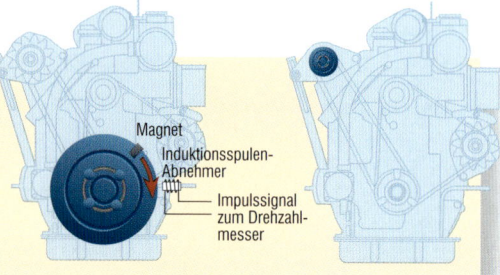

Drehzahlmesser können sowohl die Motordrehzahl als auch die Betriebsstunden der Maschine überwachen. Dabei werden die Drehzahl mit einem Zeiger und die Betriebsstunden mit drehenden Walzen angezeigt. Der unten gezeigte Drehzahlmesser-Typ erhält seinen Impuls von einer Wicklung der Lichtmaschine. Das Ausgangssignal der Lichtmaschine ist direkt proportional zur Motordrehzahl, und die elektrische Anzeige gibt einfach nur dessen Frequenz an. Lediglich die Skala ist auf Umdrehungen pro Minute kalibriert. Zum Drehen des Walzenzählers in Übereinstimmung mit der Laufzeit des Motors müssen die Impulse der Lichtmaschine gleichgerichtet werden. Die dabei entstehende Spannung ist unabhängig von der Drehzahl, da der Regler der Lichtmaschine deren Ausgangsspannung konstant hält. Sie wird an einen kleinen Gleichstrommotor gegeben, der die Ziffernräder dreht. Abhängig vom Lichtmaschinenhersteller sind die Anschlüsse des Drehzahlmessers mit W, AC, X, AC TAP oder R gekennzeichnet. Die Minus-Leitung vom Drehzahlmesser wird direkt zur Masse der Lichtmaschine geführt. Andere Massekabel vom Instrumentenbrett können daran angeschlossen sein.

Eine andere Signalquelle für den Drehzahlmesser kann ein elektromagnetischer Aufnehmer sein. Hier passiert ein auf der Schwungscheibe des Motors platzierter Magnet bei jeder Kurbelwellenumdrehung eine am Gehäuse angebrachte Induktionsspule. Wie zuvor

wird das induzierte Impulssignal an das Anzeigeinstrument weitergeleitet. Eine weitere Quelle kann ein vom Motor angetriebener Mini-Generator sein, dessen Ausgangsleistung proportional zur Motordrehzahl ansteigt. Diese wird in einem Voltmeter angezeigt, dessen Skala auf Umdrehungen kalibriert ist.

Einige Armaturenbretter haben keinen Drehzahlmesser, sondern nur einen Betriebsstundenzähler. Dieses Gerät enthält einen kleinen entsprechend untersetzten Gleichstrommotor zur Anzeige der Zeit. Die Industrie geht heute zu elektronischen Betriebsstundenzählern mit Flüssigkristall-Anzeigen über. Sie arbeiten wie elektronische Uhren. Die Signalquelle dieser Anzeige kann der Lichtmaschinen-Ausgang sein, der natürlich so lange ein Gleichstromsignal erzeugt, wie der Motor läuft.

Betriebsstundenzähler besitzen generell keine Rückstellfunktion. Schließlich sollen sie die Gesamtlaufzeit des Motors dokumentieren, so wie ein Kilometerzähler die Laufleistung eines Autos angibt. Einige Betriebsstundenzähler sind an die Plusklemme des Zündschlosses angeschlossen. Obwohl dies in mancher Hinsicht für praktisch gehalten wird, besteht die Möglichkeit, dass bei stehendem Motor, aber eingeschalteter Zündung, der Zähler weiterläuft und somit falsche Werte anzeigt.

pen für Öldruck, Wassertemperatur und Ladestrom ausgerüstet, um die lebenswichtigen Systeme des Motors zu überwachen. Tafeln mit Instrumenten können die folgenden Anzeigen haben: Ölmanometer, Wasserthermometer, Drehzahlmesser mit Betriebsstundenzähler, Abgasthermometer, Kraftstoff-Tankanzeige, Ampere- und Voltmeter.

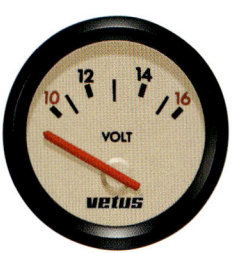

Druck und Temperatur

Die Anzeigeinstrumente für den Öldruck und die Wassertemperatur sind vom Prinzip her Voltmeter, die ähnliche Anschlüsse haben wie in der oberen Zeichnung zu sehen ist. Seien Sie jedoch nicht überrascht, ein etwas raffinierteres Instrument zu finden, das zusätzliche Anschlüsse für eine weitere Stromversorgung besitzt. Diese Geräte werden Kreuzspulen-Instrumente genannt. Motorseitig sind die Sensoren für Öldruck und Wassertemperatur veränderliche Widerstände, deren Wert unabhängig von der Spannung im Bordnetz ist. Der Strom, welcher durch diese

Widerstände fließt, hängt aber sehr wohl von der Batteriespannung ab – das ergibt sich durch das Ohmsche Gesetz. Zusammen mit einem einfachen Drehspul-Instrument, das diesen Strom direkt anzeigt, ergibt sich eine ungenaue Messung: Die Zeiger verändern ihre Stellung, wenn elektrische Verbraucher eingeschaltet werden. Kreuzspul-Instrumente umgehen diesen Nachteil, indem sie die Batteriespannung in die Messung mit einbeziehen. Sie arbeiten grundsätzlich mit zwei rechtwinklig zueinander stehenden Spulen, die sich eine gemeinsame Achse und einen Permanentmagneten teilen. Eine Wicklung wird direkt vom Bordnetz versorgt und zieht den Zeiger gegen Null, während die andere im Sensor-Stromkreis liegt und den Zeiger gegen Vollausschlag ziehen will. So wird ein Gleichgewicht hergestellt. Veränderungen der Spannung beeinflussen beide Spulen zu gleichen Teilen, und im Gegensatz zum Voltmeter gibt es keine Rückholfeder, die gegen den Zeiger arbeitet. Dies bedeutet, dass ein Kreuzspulen-Instrument auch bei Änderungen der Batteriespannung gleiche Werte anzeigt. Ob man Kreuzspulen-Messinstrumente besitzt, ist leicht herauszufinden: Bei abgestellter Zündung kehren die Zeiger dieser Instrumente nicht nach 0 zurück.

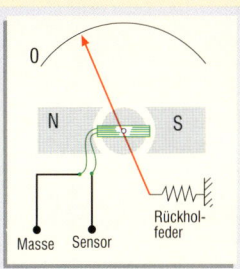

Drehspulen-Messinstrument

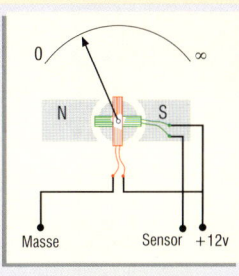

Kreuzspulen-Messinstrument

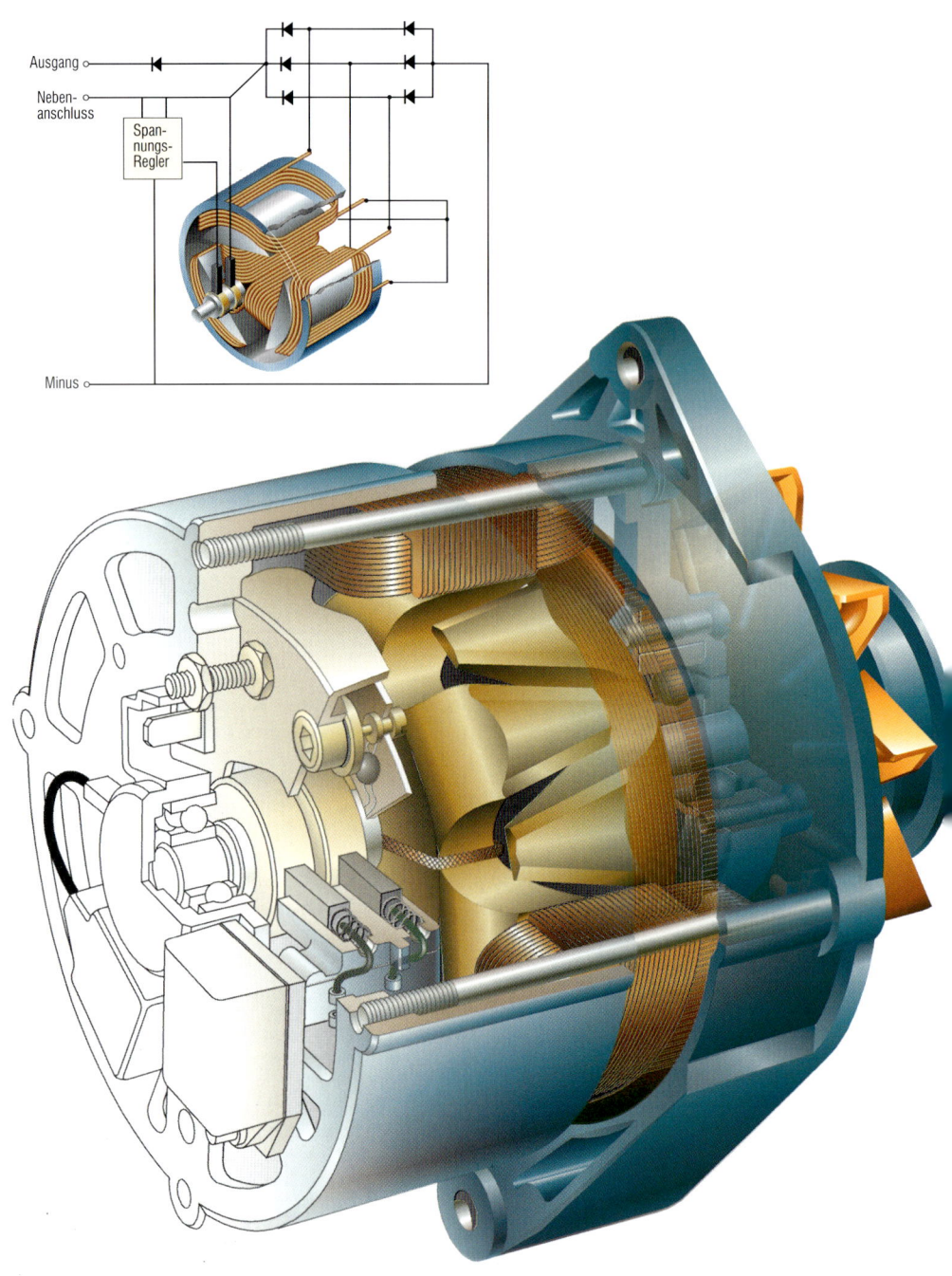

Ausgang

Neben-
anschluss

Span-
nungs-
Regler

Minus

MOTORISCH ERZEUGTE KRAFT

KAPITEL 4

LICHT-MASCHINE

Auf den meisten Booten liefert ein laufender Motor genügend Leistung, um einen Stromgenerator, nämlich die Lichtmaschine, anzutreiben. Sie versorgt das Bordnetz und lädt gleichzeitig die Batterie. Doch merkwürdigerweise werden moderne Lichtmaschinen als Drehstrom-Generatoren bezeichnet (im englischen Sprachgebrauch: Alternator), während die Versorgung unseres Bordnetzes über Gleichstrom erfolgt. In diesem Kapitel schauen wir uns die Gründe an, warum dies so sein muss, und wie der Strom erzeugt und kontrolliert wird.

Der Strom aus dem Kraftwerk (ob mit Wind, Wasser, Kohle oder Atomkraft betrieben) wird auf die gleiche Weise erzeugt wie an Bord: durch Bewegen eines Leiters in einem Magnetfeld. Viele von uns kennen den Fahrraddynamo, der vom drehenden Reifen angetrieben wird. Auch er produziert Wechselstrom. Ältere Boote besitzen manchmal noch echte Gleichstrom-Lichtmaschinen, die ja dem Namen nach für das Gleichstromnetz vorteilhaft sein müssten. Doch ihr hoher Wartungsaufwand und der relativ kleine nutzbare Drehzahlbereich sprachen gegen sie. Heute sind Drehstrom-Lichtmaschinen üblich, denn sie vereinigen die Vorzüge aus einfachem Aufbau, Kosteneffizienz, einem großen Anwendungsbereich und einfacher Kontrolle. Wenn in den folgenden Kapiteln der Begriff Lichtmaschine benutzt wird, dann ist damit immer eine Drehstrom-Lichtmaschine gemeint.

STROMERZEUGUNG

Der Dynamo

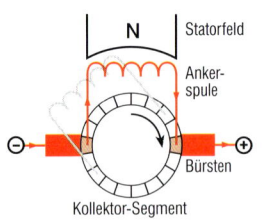

Der Kollektor dient dazu, den in einem drehenden Rotor (Anker) entstehenden Strom an das stillstehende Gehäuse (Stator) abgeben zu können. Er ist ein aus isolierten Kupfersegmenten bestehender Zylinder, bei dem jedes gegenüberliegende Segment-Paar mit einer Spule des Ankers verbunden ist. Der Erzeuger-Stromkreis wird geschlossen, wenn ein Segment-Paar durch die darauf gleitenden Kohlebürsten berührt wird. Das Ganze wirkt wie ein drehender Elektroschalter. Im Diagramm ist zu sehen, dass die rote Spule gerade über die Bürsten angeschlossen ist, wogegen die graue Spule offen ist. Wenn sich der Anker weiterdreht, wird sich dieser Zustand umkehren.

Dynamos sind »verkehrt herum« laufende Gleichstrom-Motoren. Wenn man einen Elektromotor unter Strom setzt, dreht er sich. Und wenn man einen Elektromotor durch externe Hilfsmittel in Drehung versetzt, erzeugt er einen Strom. Dynamos waren viele Jahre sehr populär, doch mit dem Aufkommen von leistungsfähigen Gleichrichter-Dioden setzten sich Alternatoren durch.

Dynamos produzieren zunächst Wechselstrom, der dann durch einen Kollektor (siehe links) mechanisch zu Gleichstrom umgewandelt wird. Da der Kollektor eine bedeutende Verschleißquelle ist, benötigen Dynamos regelmäßige Wartung und sind anfällig. Zur Minimierung dieses Verschleißes lässt man Dynamos nur mit niedrigen Drehzahlen laufen. Gleichzeitig hängt ihre Leistungsabgabe aber sehr stark von der Drehzahl ab, was ein anderes Problem erzeugt: Bei im Leerlauf drehendem Motor wird die Batterie kaum geladen.

Der Wechselstrom-Generator

Während der Dynamo seinen Strom im rotierenden Anker erzeugt, wird er beim Wechselstrom-Generator innerhalb der feststehenden Statorspulen induziert – auf nahezu gleiche Weise wie beim simplen Fahrrad-Generator. Der erzeugte Strom kann so direkt per Kabel abtransportiert werden, ein aufwändiger und wartungsintensiver Kollektor ist dazu nicht nötig. Ganz ohne Bürsten kommt aber auch ein Wechselstromgenerator nicht aus. Denn damit überhaupt Strom im Stator induziert wird, muss der drehende Rotor magnetisch sein. Aus Gründen, die wir später kennen lernen, lässt sich dieses Magnetfeld bei motorgetriebenen Generatoren nicht von Dauermagneten erzeugen. Also benutzt man Elektromagneten, zu deren

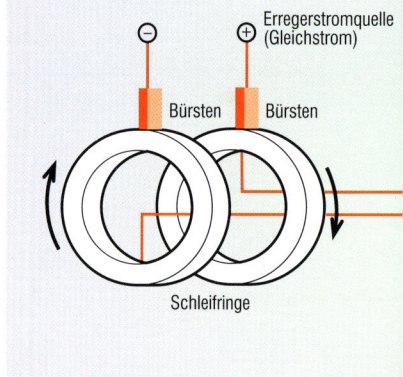

Der Fahrrad-Generator

Einfacher geht's nicht! Diese Vorrichtungen sind tatsächlich Generatoren, die einen Wechselstrom zum Betrieb der Lampen erzeugen. In der feststehenden Statorspule wird durch den drehenden Magneten Strom induziert. Je schneller man radelt, desto schneller dreht sich der Magnet und desto mehr Strom wird erzeugt.

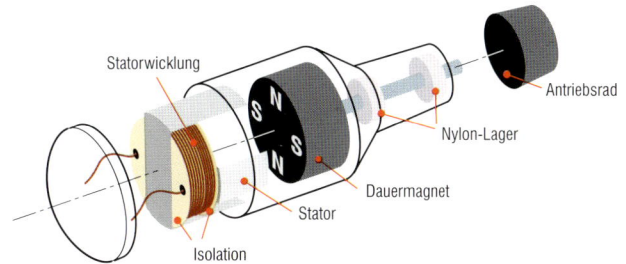

Auf dem Foto ist zu erkennen, dass ein einziges Kabel die Stromversorgung der Lampe übernimmt, während der Rückstrom über den Rahmen fließt – es handelt sich also um ein aus dem letzten Kapitel bekanntes Massesystem. Die meisten an Bootsmotoren sitzenden Generatoren sind auf die gleiche Weise angeschlossen.

Betrieb ein kleiner Gleichstrom nötig ist. Dieser kann über gering belastete und deswegen zuverlässigere glatte Schleifringe zum Rotor geleitet werden. Die Schleifringe

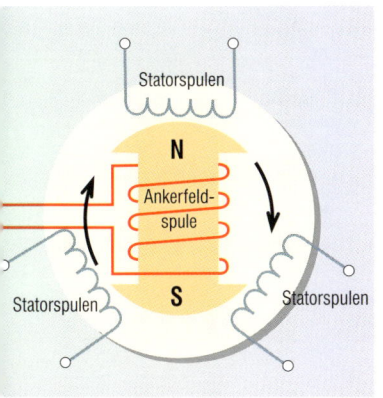

sind aber im Vergleich zum Kollektor so robust, dass Wechselstrom-Generatoren die doppelte oder gar dreifache Motordrehzahl vertragen. Das bedeutet, dass der Generator über den gesamten Drehzahlbereich des Motors effektiver arbeitet. Vor allem kann er schon bei Leerlaufdrehzahl des Motors einen hohen Strom liefern. Die Ausgangsleistung des Generators, die Motordrehzahl und das Übersetzungsverhältnis sind sorgfältig ausgewogene Dinge und sollten deswegen qualifizierten Händen überlassen werden.

GLEICHRICHTERDIODEN

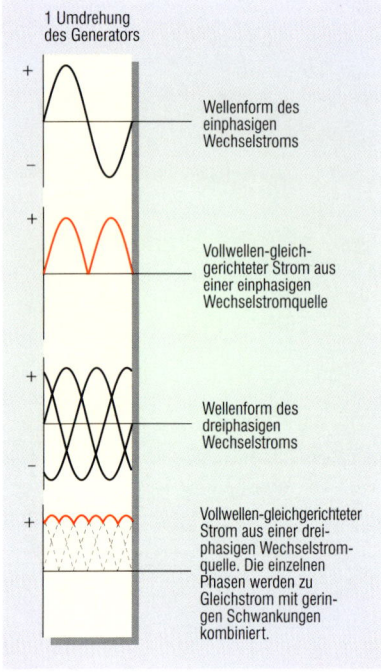

1 Umdrehung des Generators

Wellenform des einphasigen Wechselstroms

Vollwellen-gleichgerichteter Strom aus einer einphasigen Wechselstromquelle

Wellenform des dreiphasigen Wechselstroms

Vollwellen-gleichgerichteter Strom aus einer dreiphasigen Wechselstromquelle. Die einzelnen Phasen werden zu Gleichstrom mit geringen Schwankungen kombiniert.

Zunächst ist das in den Statorspulen erzeugte Ausgangsprodukt ein sinusförmiger Strom, der Wechselstrom (alternating current, AC) genannt wird. Um ihn überhaupt benutzen zu können und ihn in der Bordelektrik einzusetzen, muss der Wechselstrom in Gleichstrom umgewandelt, also gleichgerichtet werden. Dieses wird durch den Einsatz von Dioden* erreicht. Diese elektrischen Ventile lassen den Strom nur in einer Richtung passieren. Ein Satz mit üblicherweise sechs Dioden bildet den so genannten Vollwellen-Gleichrichter für Drehstrom mit drei Phasen. Billigere Generatoren sind einphasig, ihre Ausgangsspannung wird zu einem sehr groben Gleichstrom mit je zwei Spitzen und Abflachungen von 0 bis 12 Volt gleichgerichtet. Dies kann für sensible Elektronik ungenügend sein. Kompliziertere Generatoren haben einen Dreiphasen-Ausgang und werden auch Drehstrom-Generatoren genannt. Sie produzieren – gleichgerichtet – einen glatteren und saubereren Gleichstrom, bei dem die verschiedenen gleichgerichteten Gipfel und Täler der einzelnen Phasen durch ihren zeitlichen Versatz wortwörtlich ausgeglichen werden.

* Siehe für Dioden Anhang F.

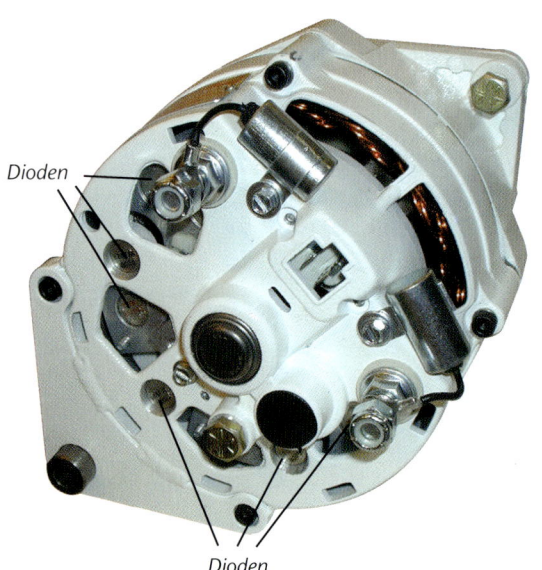

Dioden

Dioden

Links: Eine Sechs-Dioden-Lichtmaschine.

Unten: Ihr elektrischer Aufbau.

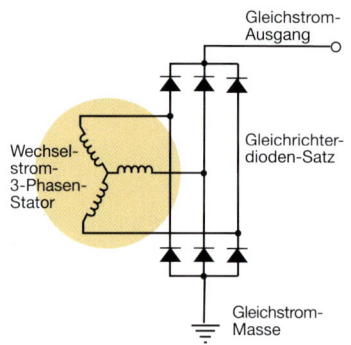

Gleichstrom-Ausgang

Wechselstrom-3-Phasen-Stator

Gleichrichterdioden-Satz

Gleichstrom-Masse

GENERATOR-REGELUNG

Die von der Lichtmaschine erzeugte Spannung muss in sehr engen Toleranzen gehalten werden, damit sie zur Ladung der Batterie und für die Versorgung des Bordnetzes eingesetzt werden kann. Eine zu hohe Spannung kann sowohl die Batterie als auch am Bordnetz hängende Verbraucher zerstören. Liegt sie zu niedrig, wird die Batterie nicht geladen.

Drei Faktoren beeinflussen die Ausgangsspannung der Lichtmaschine: die Drehzahl der Maschine, die Anzahl der Windungen in der Stator-Wicklung und die Stärke des Magnetfeldes im Rotor. Eine Regelung über die Drehzahl ist unpraktisch, da der Primärzweck des Motors ja der Antrieb des Bootes ist. Die Anzahl der Windungen ist vom Hersteller festgelegt und nicht veränderbar. Also verbleibt nur die Regelung über das Magnetfeld. Durch das Verändern des Gleichstroms in der Wicklung des Rotors (genannt Feldwicklung) können wir die nötige Regelung bewirken: Jede Änderung dieses Stroms beeinflusst proportional die Stärke des Magnetfeldes. Genialerweise wird der Strom für den Betrieb der Feldspule vom Ausgangs-Gleichstrom der Lichtmaschine abgezapft. Dadurch kann die Lichtmaschine selbstständig ihr eigenes Magnetfeld erzeugen. Dieser Prozess wird Selbsterregung genannt.

Wenn wir zum Erzeugen des Magnetfeldes Dauermagneten verwendet hätten, würde diese Möglichkeit zur Beeinflussung der Ausgangsspannung entfallen. Sie wäre allein von der Drehzahl abhängig und eine Kontrolle nicht möglich.

Das grundsätzliche Schaltschema, nach dem die Spannungsregelung bei nahezu allen modernen Boots-Lichtmaschinen arbeitet.

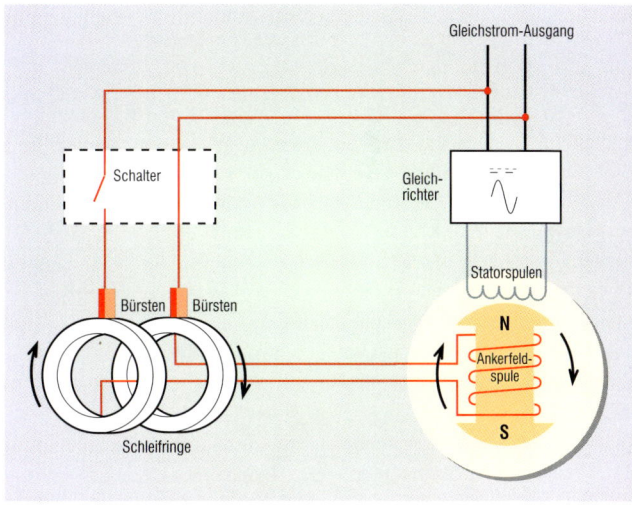

Nachdem wir eine Methode zur Regelung gefunden haben, benötigen wir jetzt ein Gerät, das diese automatisch anwendet. Ein zwischen den Lichtmaschinen-Ausgang und die Feldwicklung gesetzter elektronischer Schalter stellt dieses Hilfsmittel dar. Solch eine Vorrichtung wird ganz allgemein Regler genannt.

Der Regler

Ein Regler ist im Prinzip nichts weiter als ein elektronischer Schalter in der Zuleitung zur Feldwicklung. Er schließt und öffnet selbsttätig in schneller Folge abhängig von der Ausgangsspannung der Lichtmaschine.

Alles, was der Regler damit bewirkt, ist, dass sich der Spannungsunterschied zwischen dem positiven Ausgang der Lichtmaschine und ihrem Masseanschluss auf 14 V einstellt. Der Grund für diesen Wert wird auf Seite 60 erklärt.

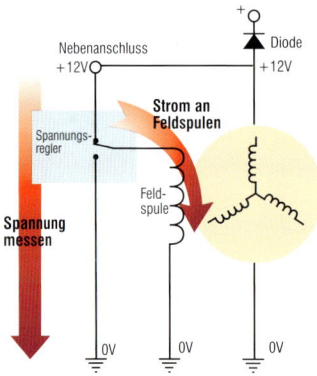

Zu Dynamo-Zeiten waren elektromechanische Regler üblich. Heute sind Lichtmaschinen mit vollelektronischen Reglern ausgerüstet, deren Funktion auf Transistoren* und Zener-Dioden* beruht. Sie bilden normalerweise einen Teil der Lichtmaschine und sind an deren Rückseite befestigt. Externe Regler werden heute nur bei besonders großen Generatoren eingesetzt – oder wenn so genannte Hochleistungsregler zum Einsatz kommen. Letztere werden später detailliert beschrieben. Es ist nicht notwendig zu wissen, wie sie funktionieren. Doch es ist für die Funktion jeden Reglers äußerst wichtig, richtig an die Lichtmaschine angeschlossen zu sein. Die meisten Regler moderner Lichtmaschinen sitzen an der Rückseite des Alternatorgehäuses (links).

Jedoch kann die elektrische Position des Reglers entweder vor oder hinter der Feldspule sein. Dementsprechend heißen sie P-Typ oder N-Typ, einfach weil sie entweder an die positive oder die negative Seite der Feldspule angeschlossen sind. Es gibt kaum Unterschiede zwischen den beiden, was die

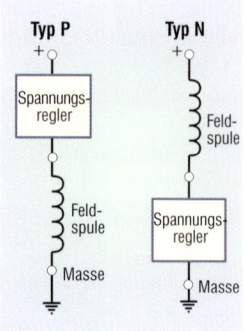

Vor- oder Nachteile betrifft. Allgemein sind Regler vom Typ P bei amerikanischen Herstellern verbreiteter, während die N-Typen eher von europäischen Herstellern eingesetzt werden. Welcher Reglertyp mit einer bestimmten Lichtmaschine verwendet werden kann, ist von deren Schaltung und der inneren Verdrahtung abhängig.

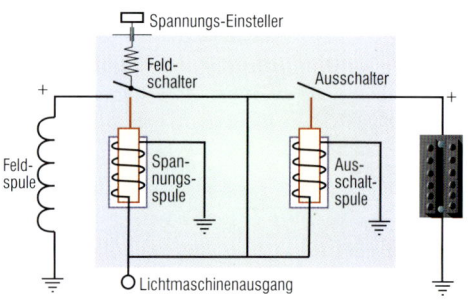

Ein elektromechanischer Regler
Der Rückstromschalter (rechtes Relais) schützt die Batterie davor, dass Strom in die Feldspule fließt, während die Lichtmaschine steht. Sobald sie Strom produziert, schließt dieses Relais, und die Batterie kann geladen werden. Eine steigende Ausgangsspannung bringt die Spannungsspule (linkes Relais) dazu, gegen den federbelasteten Einsteller zu arbeiten. Ist die Federkraft überwunden, öffnet sich der Feldspulenschalter und die Lichtmaschinen-Ausgangsspannung fällt ab. Daraufhin ist die Feder des Einstellers wieder stärker und schließt den Feldschalter. Die Ausgangsspannung pendelt so beständig um einen konstanten Mittelwert.

Siehe für Transistoren und Zener-Dioden Anhang F

Messpunkte

Damit ein Standard-Regler arbeiten kann, muss er irgendwo die Ausgangsspannung der Lichtmaschine ermitteln. Dieses kann an einem von zwei Punkten geschehen und ist stark von dem eingesetzten Ladesystem abhängig. Wir können entweder direkt am Lichtmaschinen-Ausgang die Spannung messen oder nachsehen, wie viel davon tatsächlich an den Batteriepolen anliegt. Welche Methode wir benutzen und warum wir sie benutzen, wird deutlich, wenn wir uns das Ladesystem ansehen. Doch im Moment müssen wir uns nur bewusst sein, dass es diese Möglichkeiten gibt und sie entweder maschinengeregelt oder batteriegeregelt heißen. Auf den ersten Blick scheint zwischen den beiden Methoden kein Unterschied zu bestehen. Jedoch ist an der Rückseite der Lichtmaschine zu erkennen, dass die maschinengeregelten Aggregate drei Anschlüsse besitzen, während die batteriegeregelten vier haben – der vierte führt offensichtlich zur Batterie.

Maschinen-Regelung

Das Schema unten zeigt eine Lichtmaschine mit einem N-Typ-Regler, der die Ausgangsspannung misst. Der Regler ermittelt die Spannung zwischen dem Primärausgang der Lichtmaschine und Masse, und da unser Beispiel ein N-Typ ist, hängt die Feldspule ebenfalls am positiven Ausgang. Wenn der Fühler ein geringeres Ausgangspotenzial als die vorgegebene Spannung von etwa 14 Volt registriert, schaltet der Regler um, sodass die Feldspule mit Masse verbunden wird und ein Feldstrom aufgebaut wird. Die Lichtmaschine wird jetzt mehr Spannung produzieren. Sobald die Ausgangsspannung wieder über den Wert von 14 Volt steigt, schaltet der Regler ab. Damit wird die Verbindung zwischen Spule und Masse unterbrochen, der Feldstrom bricht zusammen, und die Ausgangsspannung sinkt wieder.

Batterie-Regelung

Dieses Schema zeigt eine Lichtmaschine mit einem N-Typ-Regler, der an der Batterie misst. Die Messleitung kann direkt am Pluspol der Batterie angeschlossen werden – oder alternativ an die Ladekontrollen-Seite des Zündschlosses, um sicherzustellen, dass bei abgeschaltetem Motor kein Strom aus der Batterie fließt. Das andere Ende der Messleitung wird an einen zusätzlichen Anschluss der Lichtmaschine geklemmt, der üblicherweise mit S, IGN oder B+ markiert ist und zum Fühlerstromkreis des Reglers führt. Dieser ermittelt also die Spannung zwischen Batterie und Masse. Die Feldspule hängt auch hier am Ausgang der Lichtmaschine. Wenn die Spannung an der Batterie unter die vorgegebenen

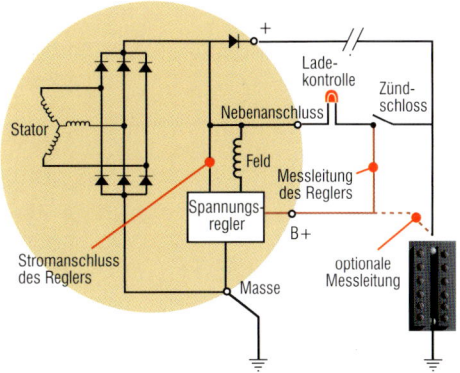

14 Volt fällt, schaltet der Regler ein, sodass die Feldspule mit Masse verbunden und ein Feldstrom aufgebaut wird. Die Lichtmaschine produziert jetzt mehr Spannung. Sobald der Wert an der Batterie über 14 Volt steigt, schaltet der Regler ab, der Feldstrom der Lichtmaschine bricht zusammen.
Hier wird also die Spannung an der Batterie konstant gehalten – unabhängig davon, wie viel Spannung auf den Leitungen zwischen Lichtmaschine und Akku verloren geht. Dies ist die bessere Wahl für einen effizienten Ladevorgang, vor allem auf Segelyachten.

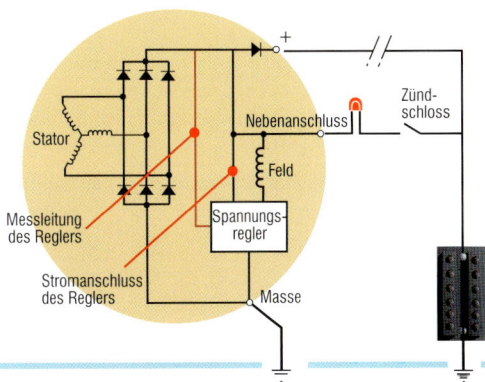

Ein so genannter Hochleistungsregler, der als externes Gerät an die Lichtmaschine angeschlossen wird.

LADEKONTROLLE

Die Funktion von Lichtmaschinen erinnert in gewisser Weise an das Henne-und-Ei-Problem: Ohne Ausgangsspannung gibt es keinen Strom für die Feldwicklung – und solange die Feldwicklung keinen Strom bekommt, kann keine Ausgangsspannung entstehen. Wie kann dann eine Lichtmaschine überhaupt arbeiten?

Glücklicherweise sind die Feldspulen auf Weicheisenkerne gewickelt, die in erster Linie das Magnetfeld bündeln und auf die Spulen des Stators lenken. Die Weicheisenkerne speichern aber auch einen kleinen Teil des von den Feldspulen induzierten Magnetismus – selbst wenn die Lichtmaschine steht. Dieses Phänomen wird Restmagnetismus genannt und ist zeitlich begrenzt. Bei regelmäßigem Einsatz reicht er aus, um beim Drehen der Maschine einen kleinen Ausgangsstrom zu erzeugen, der die Feldspulen erregt und so die Stromproduktion in Gang bringt. Eine Lichtmaschine, die sich so selbst startet, wird selbsterregend genannt.

Wenn aber der Generator zu lange stillsteht, kann der Restmagnetismus so weit absinken, dass eine Selbsterregung unmöglich wird. Um hiergegen gewappnet zu sein, zweigt ein so genannter Erreger-Stromkreis (links gezeigt) vom Zündschloss ab. Er hat eine wichtige Nebenfunktion: die Ladekontrolle. Solange die Lichtmaschine keinen Strom produziert, leuchtet die Lampe auf.

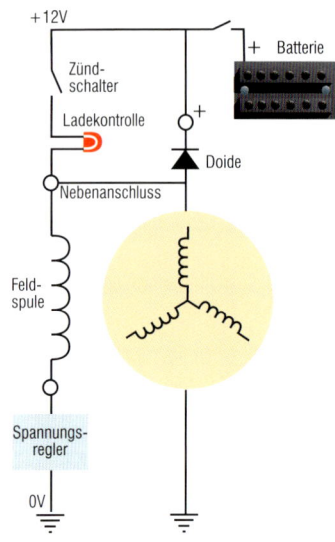

Ladekontrolle
Wenn der Zündschalter bei stehendem Motor auf ON steht, beginnt die Ladekontrolle zu leuchten. Sie liefert einen kleinen Strom von etwa 100 mA an die Feldspulen, die damit ein kleines Magnetfeld aufbauen. Sobald der Motor läuft, beginnt die Lichtmaschine mit der Stromerzeugung, was wiederum die Spannung am Ausgang auf das Niveau der Batteriespannung steigert: Die Spannung über der Ladekontroll-Lampe geht auf Null, sie erlischt. Es kann passieren, dass trotz eines startenden Motors die Ladekontrolle weiter brennt. Dies ist ein Anzeichen, dass die Lichtmaschine noch nicht genug Ausgangsspannung erzeugt – weil sie vielleicht nicht ausreichend erregt wurde. Um diesen Zustand zu beenden, wird die Drehzahl des Motors langsam erhöht, bis die Lampe erlischt, dann kann er wieder mit Standgas laufen. Ist die Ladekontrolllampe defekt oder leuchtet aus einem anderen Grund bei stehendem Motor nicht, dann kann die Lichtmaschine auch bei laufendem Motor keinen Strom erzeugen.

TOD DER DIODEN

Der verwundbarste Teil des Generators sind die Gleichrichter-Dioden. Elektrisch handelt es sich um empfindliche Bauteile, die durch zu hohe Spannung zerstört werden können und oft die Ursache von Lichtmaschinen-Schäden sind. Die meisten Bootsbesitzer mit manuellem Batterietrennschalter kennen den rechts stehenden Warnhinweis. Der Grund für diese Warnung muss erklärt werden, um den Schaden abschätzen zu können, der bei Nichtbeachtung eintreten kann.

Wenn in einer Spule Strom fließt, dann hat dieser ein gewisses Beharrungsvermögen. Er versucht kurzzeitig weiterzufließen, wenn der Stromkreis unterbrochen wird. Ist das nicht möglich, dann steigt die Spannung an, bis die Elektronen einen Weg finden, um ihrem Bewegungsdrang nachzugeben – bis ein Funke überspringt oder Bauteile durchschlagen.

Beim Abschalten eines Batterietrennschalters wird der Stromkreis zwischen der Lichtmaschine und der Batterie unterbrochen. Wenn der Generator zu diesem Zeitpunkt Strom erzeugt hat, kann dieser nun nirgends hin. Auch der Regler kann die Stromproduktion nicht so schnell unterbinden. Die Ausgangsspannung steigt für einen kurzen Augenblick sehr hoch an. Diese so genannte Spannungsspitze kann höher sein als das, was Dioden und Regler vertragen. Sie werden durchschlagen und damit unbrauchbar: Die Lichtmaschine funktioniert nicht mehr.

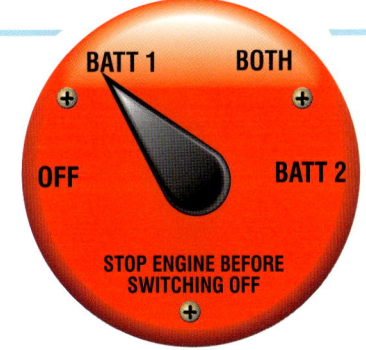

Bei Dieselmotoren mit mechanischem Stopp kann man oft noch eine andere Warnung lesen (siehe links): Diese soll Sie davor bewahren, bei noch drehendem Motor den Zündschlüssel auf OFF zu drehen. Dies dient nicht nur dem Schutz der Dioden. Wenn der Zündstromkreis unterbrochen ist, arbeiten sämtliche Überwachungseinrichtungen des Motors wie Öldruckkontrolle und Temperaturalarm nicht mehr.

Überspannungsschutz

Der beste Schutz im Falle eines versehentlichen Abschaltens der Batterie bei laufendem Motor sind sogenannte Überspannungsableiter. Diese sind jedoch sehr teuer.
Ein simpler Schutz vor Spannungsspitzen kann auch eine leistungsfähige Zener-Diode* sein, die zwischen den Anschluss der Ladekontrolllampe und Masse geklemmt wird. Sie kann kurzzeitig überschüssigen Strom in Wärme umwandeln.

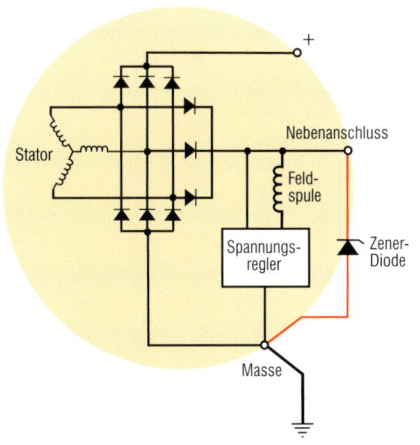

Es gibt mehrere Wege, dieses recht verbreitete Problem zu umgehen. Gute Auswahlschalter haben eine Sicherheits-Einrichtung, die beim Umschalten ohne Unterbrechung der Stromkreise arbeitet. Zu erkennen sind sie an einer zusätzlichen Stellung zwischen den Batterien, die mit BOTH bezeichnet ist.

* Siehe für Induktivität, Dioden und Zener-Dioden Anhang F

HOCHLEISTUNGSREGLER

Es liegt in der Natur von Segelbooten, dass sie nicht sehr lange mit der Maschine gefahren werden – meistens nur beim Aus- und Einlaufen im Hafen. Standardmäßig ist aber auf den meisten Booten ein Ladesystem eingebaut, das ursprünglich für Autos entwickelt wurde – bei deren Betrieb der Motor bekanntlich immer läuft. Dieses ist jedoch den Anforderungen an Bord nicht gewachsen. Es kann unter normalen Bedingungen den verbrauchten Strom nicht vollständig ersetzen.

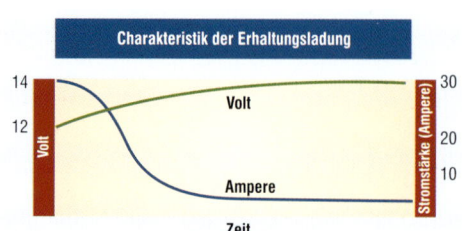

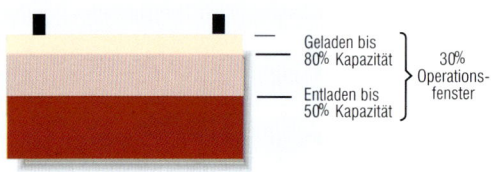

Einfache Lichtmaschinen und Ladegeräte können die Batterie in einer akzeptablen Zeit nur auf etwa 80 % ihrer Kapazität bringen. Außerdem sollen Blei-Säure-Akkus höchstens zu 50 % entladen werden, um eine gute Lebensdauer zu erreichen. Auf diese Weise sind nur 30 % der Kapazität tatsächlich nutzbar.

Um unsere Akkus effizienter zu nutzen, gibt es nur einen Weg: Wir müssen die Ausgangsleistung der Lichtmaschine so verbessern, dass sie in den kurzen Perioden des Ladens so viel Strom wie möglich in die Batterie pumpt. Der beste Weg, dies zu erreichen, ist es, den relativ einfachen Automobil-Regler durch etwas Verfeinertes zu ersetzen. Lassen Sie uns betrachten, was alles erhältlich ist, indem wir zunächst die einfachsten Systeme beschreiben und später zu den raffinierteren Lösungen gehen.

Puffer-Ladung
Diese Methode stammt aus der Automobil-Technologie und ist das bekannteste System. Der Regler ist eine einfache Vorrichtung, die für eine Ausgangsspannung von etwa 13,8 Volt eingestellt ist. Damit kann jede Batterie ständig geladen werden ohne dass sie überladen wird. Der Ladestrom stellt sich aufgrund der chemischen Prozesse im Akku von selbst auf den richtigen Wert ein. Allerdings ist der mögliche Ladestrom auch recht klein und nimmt während der Ladung sehr schnell ab. Diese Technik ist ideal für den so genannten Pufferbetrieb, bei dem ständig eine Ladestromquelle zur

Verfügung steht und die Batterie nur gelegentlich Strom liefern muss. Für ein Auto ist dies in Ordnung. Denn die Batterie wird nur zum Starten wirklich gebraucht, sonst versorgt der Generator das ganze Bordnetz. Auf einem Boot mit den üblichen kurzen Motorlaufzeiten werden Blei-Säure-Akkus allerdings nur mit Mühe gerade eben 80 % ihrer möglichen Ladung erreichen. Doch gerade hier könnten wir die vollen 100 % wirklich gebrauchen. Es wird also deutlich, dass wir eine zweite Ladestufe benötigen, um die Batterie schneller aufzufüllen.

Drei-Phasen-Regler
Während Standard-Regler in die Lichtmaschine integriert sind, werden die meisten Hochleistungsregler extern montiert. Entweder ersetzen sie den vorhandenen Regler oder sie arbeiten mit ihm zusammen. Viele Bootsbesitzer bevorzugen letzteren Aufbau, weil die Lichtmaschine so auch noch funktioniert, wenn der Zusatzregler ausfällt –

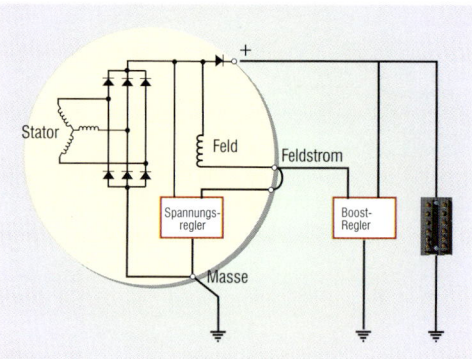

Ein externer Hochleistungsregler im Parallelbetrieb mit dem Standardregler. Falls der Zusatzregler ausfällt, kann die Lichtmaschine notfalls auch allein weiterarbeiten.

dann aber natürlich nur mit der ursprünglichen Leistung.

Hochleistungsregler beherrschen natürlich die vom Standardregler bekannte Puffer- oder Erhaltungsladung. Das müssen sie auch, denn die beiden anderen Stufen würden auf Dauer zu Überladung führen.

Betrachten wir nun, was einen Hochleistungsregler auszeichnet: Solange die Batterie nicht vollständig geladen ist, versucht er, die Batteriespannung auf den für sie höchstzulässigen Wert von 14,4 Volt zu bringen. Bei dieser Spannung nehmen die Akkus sehr viel mehr Ladestrom an als bei den 13,8 Volt des Standardreglers, Sie können etwa mit dem dreifachen Wert rechnen. Der Ladevorgang wird also sehr viel schneller fortschreiten.

Zunächst wird ein weit entladener Akku sogar mehr Strom annehmen als die Lichtmaschine liefern kann. Die Spannung bleibt daher während dieser Zeit unter den angestrebten 14,4 Volt. Dieser Abschnitt heißt I-Phase, im englischen Sprachgebrauch auch als BOOST bezeichnet.

Bei 14,4 Volt angekommen, ist der Akku zu 80 % geladen, und es beginnt die Nachlade- oder Uo-Phase. Die Spannung bleibt konstant bei 14,4 Volt, doch der Ladestrom wird mit der Zeit sinken, bis er etwa der Erhaltungsladung entspricht. Die Batterie ist jetzt zu 100 % geladen – jede weitere Ladung würde sie zum Gasen bringen.

Nun schaltet der Hochleistungsregler auf Erhaltungsladung zurück, die auch U-Phase heißt: Die Spannung wird auf 13,8 Volt reduziert. Die Batterie bleibt so im voll geladenen Zustand, die Lichtma-

schine muss nur noch etwa so viel Strom liefern wie die Verbraucher benötigen. Im Englischen heißt dieser Zustand FLOAT. Falls große Verbraucher wie beispielsweise eine Ankerwinde zum Einsatz kommen, die mehr Leistung benötigen als die Lichtmaschine aufbringen kann, wird Strom aus der Batterie entnommen und die Spannung abfallen. Der Drei-Phasen-Regler erkennt dies und kehrt zur Nachladephase mit 14,4 Volt zurück, um die Batterie schnellstmöglich wieder voll zu laden.

Die Kennlinie, nach der diese Regler arbeiten, bezeichnet man international mit den Buchstaben IUoU.

Ein paar warnende Worte: Viele der populärsten Drei-Phasen-Regler stammen aus den USA und sind vom P-Typ. Die meisten europäischen Lichtmaschinen sind dagegen N-Typen (siehe Seite 52).

Einige Regler haben Einstellschrauben, um jede der drei Phasen zu justieren – solange Sie sich über Ihr Tun nicht absolut sicher sind, sollten Sie diese Arbeit Profis überlassen.

Impulsladung

Eine Weiterentwicklung der Drei-Phasen-Ladung, welche die Ladezeit noch weiter verkürzt. Durch kurze Pausen im Ladestrom kann sich der Akku sozusagen während der Ladung erholen und so noch mehr Strom annehmen.

Gute Regler messen die Batterietemperatur und stellen die Kennlinie entsprechend ein – eine höhere Spannung ist optimal für niedrige Temperaturen und umgekehrt.

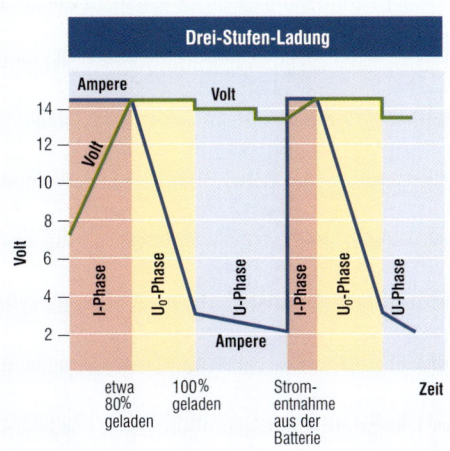

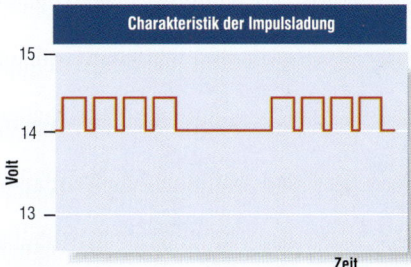

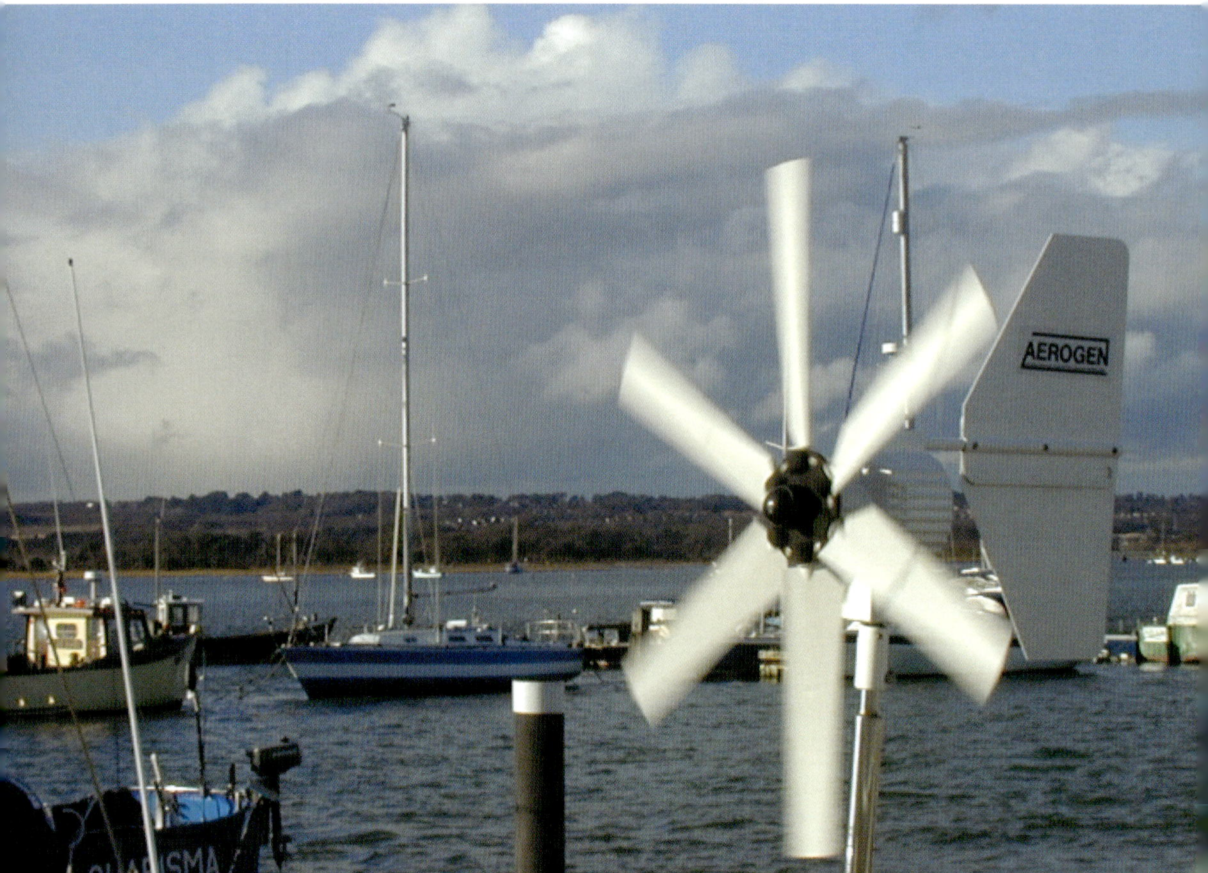

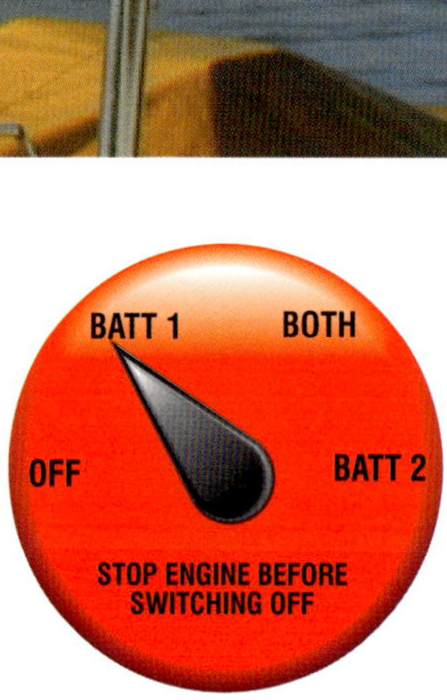

Manuelle Verteilung
Trennrelais
Trenndioden
Alternative Stromquellen

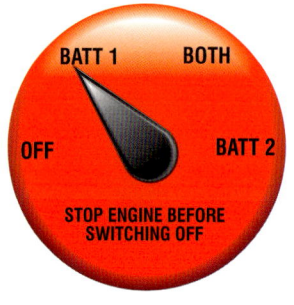

AUFLADEN DER BATTERIEN

KAPITEL 5

LADE-SYSTEME

Eine Lichtmaschine oder jede andere stromerzeugende Vorrichtung hat im elektrischen System eines Bootes zwei unterschiedliche Funktionen: Erstens muss die Batterie geladen werden, zweitens muss für die anderen Verbraucher das Bordnetz mit Strom versorgt werden. Eine Lichtmaschine kann als Pumpe betrachtet werden. Wir müssen sie in ein Leitungssystem integrieren, um damit verschiedene Tanks zu füllen. Eine der Funktion von Lichtmaschine und Ladesystem vergleichbare Sache ist unsere Haushalts-Wasserleitung, wo der Tank auf dem Dachboden der Batterie ähnelt, und die Haupt-Druckleitung vom Wasserwerk mit der Versorgung durch die Lichtmaschine zu vergleichen ist.

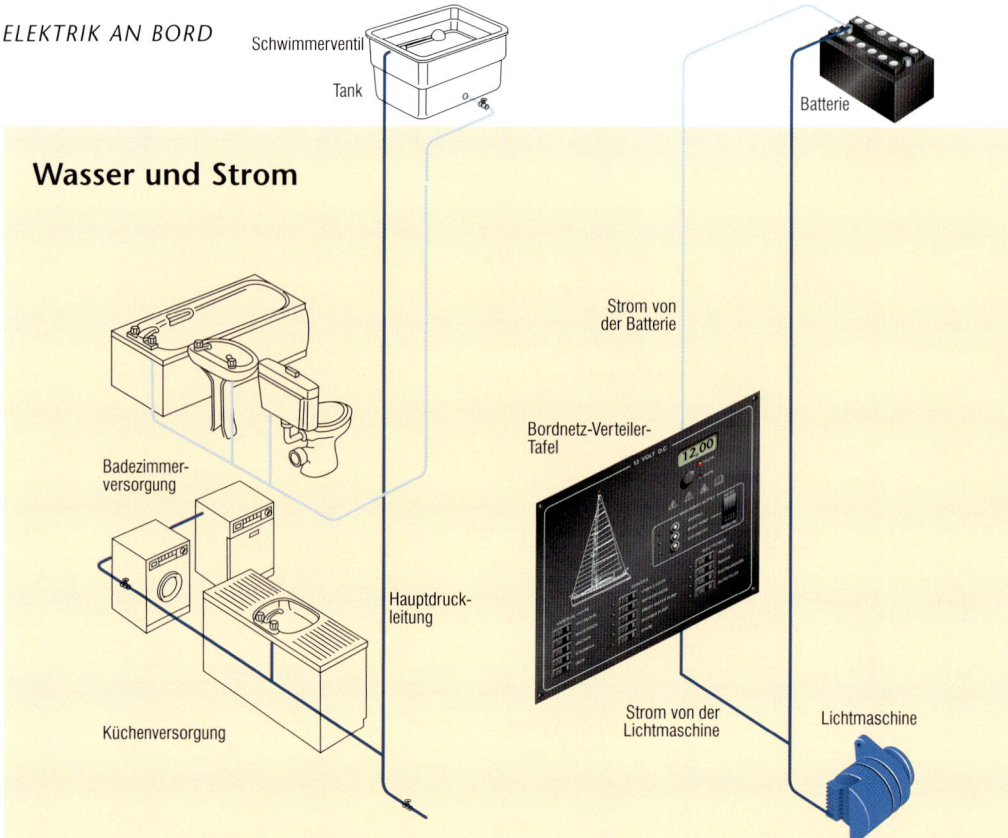

Wasser und Strom

Schwimmerventil

Tank

Batterie

Strom von
der Batterie

Bordnetz-Verteiler-
Tafel

Badezimmer-
versorgung

Hauptdruck-
leitung

Strom von der
Lichtmaschine

Lichtmaschine

Küchenversorgung

Um zu verstehen, was Lichtmaschinen machen, ist es hilfreich, die Elektrizität zu verlassen und statt dessen an den bekannten Bereich unserer Hauswasserversorgung zu denken. Diese soll einen Wassertank auf dem Dachboden beinhalten, der die Rolle der Batterie einnimmt. Etwa sechs Meter über dem Boden bietet der Tank genügend Druck, um die verschiedenen Haushaltsanschlüsse zu versorgen. Der Tank ist an die Hauptleitung angeschlossen, die einen vom Wasserwerk (von der Lichtmaschine) vorgegebenen Druck hält. Das Schwimmerventil (der Regler) am Tank kontrolliert den Wasserfluss und reguliert den Wasserpegel.

Wenn Sie einen Wasserhahn öffnen, beginnt sich der Tank zu entleeren, und das Schwimmerventil öffnet sich. Zum Nachfüllen muss die Hauptleitung unter einem Druck stehen, der größer als die vom Tank gebotene Wassersäule von 6 Metern ist – wäre er geringer, würde der Druck des Tanks überwiegen und niemals Wasser nachfließen, sondern möglicherweise gar über die Hauptleitung ablaufen. Während er den Tank füllt, hat der Wasserdruck auch die oft direkt mit

ihm verbundene Waschmaschine und den Geschirrspüler zu versorgen. Allgemein sind die Anforderungen vom Wassertank und der Hauptleitung zumeist leicht zu handhaben. Wenn die Anforderungen größer werden, muss die Versorgung von der Hauptleitung ausreichen, um den Tank zu füllen und die Hausversorgung zu gewährleisten. Wenn der Gesamtverbrauch auf Werte gleich oder größer als die Kapazität der Hauptleitung ansteigt, wird der Tank niemals gefüllt werden und kann vollständig leerlaufen.

Nahezu das gleiche Prinzip trifft auf den Stromerzeuger zu. Er hat eine Ausgangsspannung von etwa 14 Volt und damit etwa 1,2 Volt Überschuss gegenüber der Batteriespannung von 12,8 Volt. Genug, um sie zu laden. Wir können uns die Spannung genauso vorstellen wie den Wasserdruck. Die Elektrizitätsmenge, die zum Ausgleich des Verbrauchs verfügbar ist, hängt von der Amperezahl der Lichtmaschine ab. Diese liegt üblicherweise zwischen 50 und 120 Ampere. Wenn Sie viele Verbraucher laufen lassen, benötigen Sie eine Lichtmaschine mit einer höheren Ausgangsleistung.

EINZELBATTERIE-SYSTEM

Unten ist ein typischer Lichtmaschinen-Stromkreis in seiner einfachsten Form gezeigt. Es handelt sich um eine Einzelbatterie-Anlage, wie sie für kleine Boote typisch ist. Der Akku muss sowohl den Motor starten als auch die Bordnetzversorgung sicherstellen. Dies ist in Ordnung, so lange nur wenige Verbraucher vorhanden sind und nur ein geringes Risiko besteht, die Batterie zu entladen. Der Hauptnachteil dieses Systems liegt darin, dass das Bordnetz großen Spannungsschwankungen ausgesetzt ist, wenn der Anlasser Strom aus der Batterie saugt. Für Lampen ist diese Unannehmlichkeit eines kurzen Flackerns tolerierbar. Doch sensible Navigationsinstrumente können dabei bereits ausfallen. Die Lichtmaschinen-Ausgangsleistung wird üblicherweise am Starkstromanschluss des Anlassers abgegeben, und dieser Punkt bildet die Verbindung zwischen Motor- und Bordnetzversorgung. Die Lichtmaschine in diesem speziellen Einzelbatterie-System ist maschinengeregelt. Dies bedeutet, dass der Regler die Spannung am Lichtma-

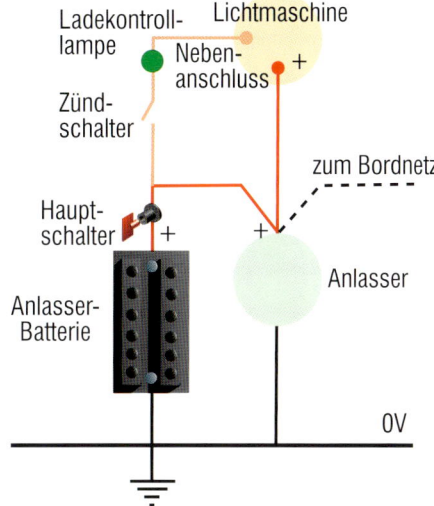

schinen-Ausgang misst und konstant hält, unabhängig von dem, was auf dem Weg zur Batterie passiert. Wir werden später sehen, dass dies für die Spannung im Bordnetz ungünstig sein kann.

MEHRBATTERIE-SYSTEME

Sofern genügend Platz zur Unterbringung vorhanden ist, bieten Systeme mit mehreren voneinander getrennten Batterien viele Vorteile. Oft wird eine Batterie zum Starten des Motors reserviert, und die andere – möglicherweise ein ganzer Satz parallel geschalteter Akkus – bedient die elektrischen Anlagen des Bootes. Weil von der Anlasser-Batterie gewöhnlich kein Strom abgezapft wird, sollte sie immer voll geladen sein und so die Sicherheit bieten, jederzeit den Motor starten zu können.

Unglücklicherweise bringen Mehrfachbatterie-Installationen ihre speziellen Ladeprobleme mit sich. Es ist praktisch, wenn beide Batterien aus derselben Quelle (der Lichtmaschine) geladen werden können. Sollten sie jedoch auf

MANUELLE VERTEILUNG

Diese Schalter sind Drehvorrichtungen mit vier Positionen: BATT 1, BOTH, BATT 2 und OFF. Sie bieten für das Batterie-Management die einfachste und preiswerteste Lösung. Wenn beispielsweise BATT 1 ausgewählt ist, werden der Anlasser und alle anderen elektrischen Verbraucher von ihr bedient, und nur sie wird auch geladen. Das Gleiche gilt für BATT 2. In der Stellung BOTH sind beide Batterien parallel geschaltet und werden zusammen ge- und entladen. Natürlich ist die Auswahl manuell, und man muss sich merken, welcher Akku gerade voll ist und welcher geladen werden muss. Auch muss man im Kopf behalten, in einer Batterie genügend Strom zum Starten der Maschine übrig zu lassen.

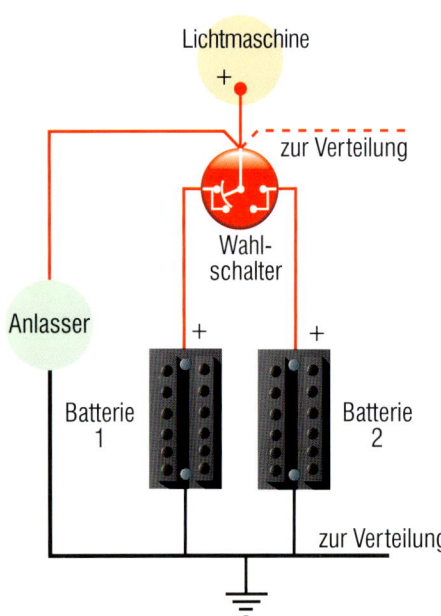

Lichtmaschine
+
zur Verteilung
Wahl-
schalter
Anlasser
+   +
Batterie 1   Batterie 2
zur Verteilung

Größte Schwachstelle dieses Systems ist die Vergesslichkeit des Skippers – und die Bequemlichkeit: Wenn der Motor abgestellt wurde, muss jedesmal ein Crewmitglied unter Deck gehen und die beiden Batte-

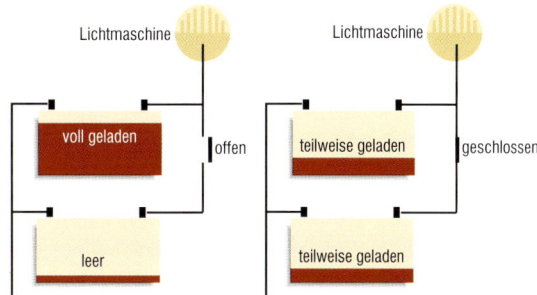

Dauer direkt miteinander verbunden sein, wird jede Ungleichmäßigkeit in der Ladung zwischen ihnen ausgeglichen. Dieser bei Akku-Sätzen durchaus erwünschte Effekt hat hier zum Ergebnis, dass unsere für den Motorstart gedachte Reserve im Bordnetz verbraucht wird.

Wenn eine der Batterien einen Schaden erleidet, kann sie die gesunde(n) so weit entleeren, dass alle unbrauchbar werden.

Dieses Problem kann überwunden werden, wenn die Batterien nach dem Laden mit manuellen oder automatischen Einrichtungen voneinander isoliert werden.

Wenn bei gestoppter Lichtmaschine beide Batterien parallel geschaltet bleiben, werden beide gleichmäßig entladen.

rien trennen. Es ist bei diesem System nicht ungewöhnlich, dass versehentlich beide Batterien das Bordnetz versorgen, sodass auch beide leer sein können, wenn der Motor wieder gestartet werden soll – möglicherweise ein sehr gefährliches Versehen.

Hinzu kommt, dass Sie durch versehentliches Abschalten bei laufendem Motor die Lichtmaschinen-Dioden zerstören können. Allerdings sind viele moderne Lichtmaschinen mit Schutzeinrichtungen ausgerüstet (siehe Seite 55). Qualitativ hochwertige Auswahl-Schalter sind so konstruiert, dass beim Umschalten zwischen den Batterien der Stromkreis nicht unterbrochen wird: Es besteht immer Verbindung zu mindestens einer Batterie.

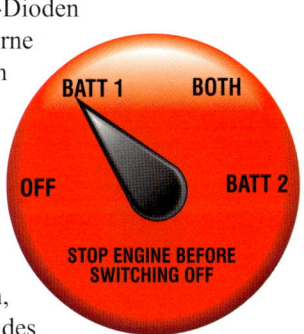

Eine andere potenzielle Falle kann entstehen, wenn Sie Schwierigkeiten beim Anlassen des Motors haben. Nach mehreren Startversuchen schalten Sie auf BOTH, um mit beiden Batterien die Wirkung des Anlassers zu verstärken. Doch das ist eine schlechte Idee. Denn zusammen können die Batterien mehr Strom liefern als der Anlasser auf Dauer verträgt. Da die Maschine immer noch nicht anspringt, betätigen Sie den Starter jetzt vielleicht länger – wobei dieser nun durchbrennen kann. Gibt es also einen besseren Weg?

TRENNRELAIS

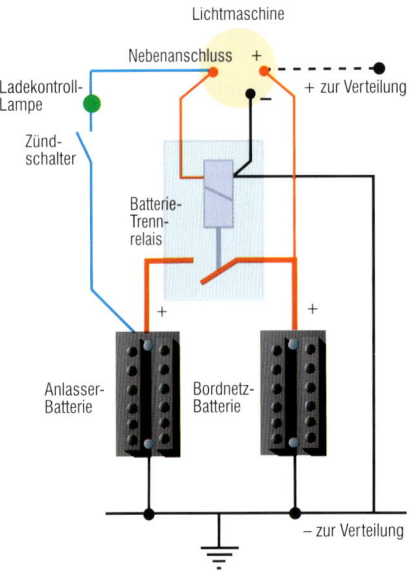

Obwohl heutzutage selten verwendet, waren diese Vorrichtungen einst sehr verbreitet. Üblicherweise in den Motor-Zündstromkreis integriert, trennen diese Relais die Batterien voneinander, wenn sich der Motor nicht dreht. Sobald die Lichtmaschine Strom liefert, verbinden sie Motor- und Verbraucherstromkreis, beide Akkus werden geladen.

Das Relais stellt eine sehr gute Verbindung her, sodass beide Batterien beim Laden auf gleichem Spannungsniveau liegen. Das System eignet sich daher gut für Lichtmaschinen, deren Regler direkt am Ausgang misst.

Normalerweise benötigt die Verbraucherbatterie den höheren Ladestrom. Daher ist es sinnvoll, wenn sie direkt von der Lichtmaschine geladen wird, während die Starterbatterie über das Relais versorgt wird. Macht man es andersherum, führt das zu hohem Verschleiß an den Relaiskontakten.

Es ist ein weit verbreitetes Missverständnis, dass – sobald der Zündschlüssel gedreht wird – mit einem Relaissystem die Batterien parallel geschaltet werden, bevor der Motor tatsächlich startet. Hierdurch würde das Risiko bestehen, dass die schwächere Batterie die stärkere leer saugt. Wenn wir uns Abb. 1a mit geöffnetem Zündschalter ansehen, ist zu erkennen, dass kein Strom zum Erregen des Relais bereitsteht.

Wird der Zündschalter geschlossen (Abb. 1b), beginnt die 12 V-Ladekontrolle zu leuchten. Deren Strom reicht aber nicht aus um das Relais zum Einschalten zu bringen. Die Spannung am Ladekontroll-Anschluss der Lichtmaschine ist immer noch sehr niedrig. Nun wird der Motor gestartet: Sobald er auf Drehzahl gekommen ist, erzeugt die Lichtmaschine Strom und die Spannung am Ladekontroll-Anschluss steigt auf 14 Volt. Erst jetzt haben wir am Relais eine ausreichende Spannung anliegen: Die beiden Akkus werden nun parallel geschaltet (Abb. 1c).

Wenn jedoch das Relais fälschlicherweise direkt am Zündstromkreis angeschlossen ist, wird das oben genannte Missverständnis Wirklichkeit. Leider wurden in der Vergangenheit einige Yachten werftseitig so verdrahtet.

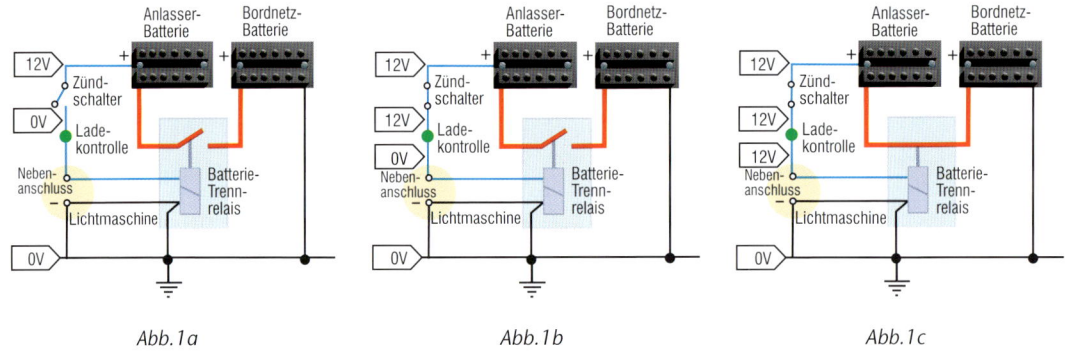

Abb.1a   Abb.1b   Abb.1c

TRENNDIODEN

Aufgrund ihrer Einfachheit und ihrer Zuverlässigkeit sind heutzutage diese Vorrichtungen üblich. Das Diodenpaar erlaubt es dem Ladestrom, frei zu beiden Batterien zu fließen – verbietet es ihm jedoch, zwischen ihnen zu wechseln. Der Akku mit der geringsten Ladung wird zuerst geladen. Und es ist möglich, Batterien unterschiedlicher Größen anzuschließen, solange sie die gleiche Spannung haben. In diesen Stromkreis kann ein manueller Schalter integriert werden, um die Rollen der Batterien zu ändern und sie nach Wunsch parallel zu schalten. Dies ist ein gutes System, das Flexibilität bietet und für die meisten Eventualitäten ausreicht. Allerdings ist ein Regler erforderlich, der die Spannung an der Batterie misst statt am Generator.

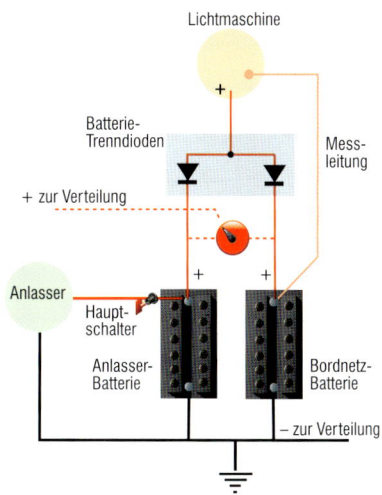

Trotz allen Lobes haben Dioden auch eine schlechte Seite. Bei dem in eine Richtung fließenden Strom entsteht an ihnen unabhängig von der Stromstärke ein konstruktionsbedingter Spannungsabfall von 0,7 Volt. Das ist ein großer Nachteil, wenn die Ladestromquelle nur eine begrenzte Spannung zur Verfügung stellt. Das ist prinzipiell bei allen Ladegeräten und Generatoren der Fall. Von den 14 Volt aus der Lichtmaschine kommen an der Batterie nur 13,3 Volt an. Diese Spannung reicht nicht aus, um den Akku zu laden. Ein einfacher Regler, der lediglich die Ausgangsspannung der Lichtmaschine misst, steht diesem Defizit hilflos gegenüber.

Deswegen ist es jetzt wichtig, dass die Lichtmaschine von einem Regler kontrolliert wird, der die Spannung direkt an einer der Batterien misst. Diese Schaltung stellt sicher, dass der Spannungsabfall kompensiert wird und beim Laden tatsächlich 14 Volt an der Batterie anliegen. Normalerweise wird zum Ermitteln der Spannung die Bordnetz-Batterie verwendet, da sie die am meisten benutzte ist und die Anlasserbatterie meist dauerhaft voll geladen sein wird.

Unabhängig von Ihrem Ladesystem ist ein Regler, der an der Batterie misst, die bessere Wahl. Denn er kann nicht nur den Spannungsabfall der Verteilerdioden ausgleichen, sondern nahezu jeden Spannungsabfall auf den Leitungen zwischen

Lichtmaschine und Batterie. Das macht sich in höherem Ladestrom und kürzerer Ladezeit bemerkbar.

Als neue Alternative zu Diodenverteilern kommen elektronische Ladeverteiler auf den Markt. Diese Komponenten ahmen die Dioden nach, doch ist der Spannungsabfall dabei zu vernachlässigen, sodass auch einfache Regler gut funktionieren.

Dioden werden im Betrieb heiß, und weil sie selbst wärmeempfindlich sind, müssen sie normalerweise auf einem verrippten Kühlkörper montiert werden. Dieser ist in einem gut belüfteten Raum mit ausreichendem Luftaustausch unterzubringen. Ein verbreiteter Fehler ist es, die Dioden mit dem Kühlkörper in horizontaler Lage zu montieren, was zahlreiche Wärmenester erzeugt und somit das Leben der Dioden rapide verkürzt. Wenn Dioden im Motorraum untergebracht werden müssen, ist es klug, sie überdimensional auszuführen, um die Motorhitze kompensieren zu können.

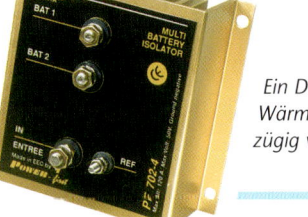

Ein Diodenverteiler: zur Wärmeableitung großzügig verrippt.

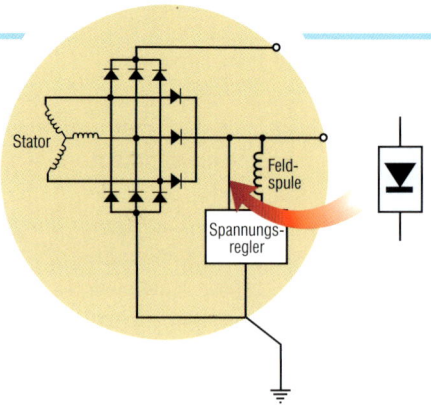

Überlisten des Reglers

Manchmal passiert es, dass ein Bootsbesitzer ein Trenndioden-System installieren will und dabei entdeckt, dass er einen Regler besitzt, der nur den Lichtmaschinenausgang messen kann. Angesichts der Aussicht, ihn ersetzen zu müssen, schwindet sein Enthusiasmus. Doch noch ist nicht alles verloren: Durch den Einsatz einer preiswerten Diode kann er den Lichtmaschinenregler austricksen und ihm vortäuschen, er messe die Batteriespannung. Der Umbau selbst ist einfach. Öffnen Sie die Rückseite der Lichtmaschine und installieren Sie, wie rechts abgebildet, die Diode zwischen dem Anschluss der Ladekontrolle und dem Regler. Lassen Sie uns jetzt auf der Seite gegenüber

betrachten, wie die Diode den Ladestromkreis beeinflusst: Die neu eingefügte Diode erzeugt einen Spannungsabfall von 0,7 Volt, genau so wie

Ein Kompromiss – das Pathmaker-Relais

Hierbei handelt es sich um eine clevere amerikanische Vorrichtung, die ein erneutes Interesse an Batterie-Trennrelais einleiten könnte. Wie bereits erwähnt, arbeitet ein Trenndioden-System am

besten mit einem Regler, der die Spannung der Batterie misst, und üblicherweise wird dabei die Spannung der Bordnetz-Batterie berücksichtigt. Hier entsteht ein Problem, denn die Bordnetz-Batterie ist oft weit entladen, während die Anlasser-Batterie voll geladen bleibt. Sobald der Motor startet, erkennt der Regler, dass die Bordnetz-Batterie leer ist, und er tut alles, um sie wieder aufzufüllen. Unglücklicherweise arbeitet der Diodenverteiler bei hohen Strömen nicht ganz gerecht: Der teilweise geladenen Bordnetz-Batterie, die viel Strom braucht, nimmt er vielleicht 0,8 Volt ab. Der voll geladenen Anlasserbatterie, die entsprechend wenig Strom zieht, nimmt er aber nur 0,5 Volt ab.
Da die Lichtmaschine aber so viel Spannung liefert wie nötig ist, um die Bordnetzbatterie auf 14 Volt zu bringen, erhält die Anlasserbatterie nun eine um 0,3 Volt zu hohe Spannung: Sie wird überladen. Wenn Sie nun eine längere Strecke unter Motor fahren, kann die Starterbatterie durch starke Überladung ruiniert werden.

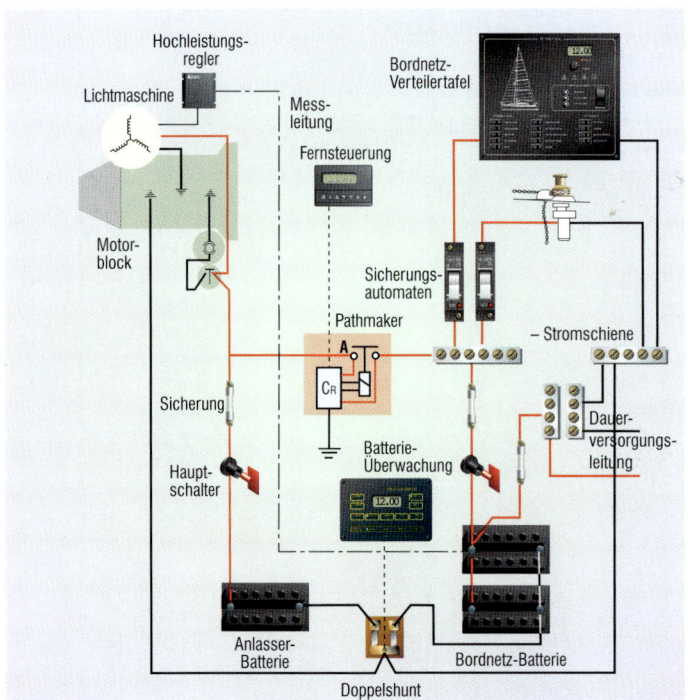

es die Trenndioden machen. Am Regler kommt also weniger Spannung an als tatsächlich von der Lichtmaschine produziert wird. Der Regler erwartet eine Spannung von 14,0 Volt zwischen seinem Anschluss und Masse.

Der mit unserer neuen Diode in seinem Gefühl getäuschte Regler misst nun genau dann die erwarteten 14,0 Volt, wenn die Lichtmaschinen-spannung tatsächlich 14,7 Volt beträgt. Damit würde die Batterie eigentlich überladen werden, aber auf dem Weg des Stromes liegt ja noch die Diode des Ladeverteilers mit ebenfalls 0,7 Volt Spannungsabfall. Alle sind glücklich: Die Batterie erhält ihre 14 Volt, und der Bootsbesitzer freut sich über das eingesparte Geld für den neuen Regler.

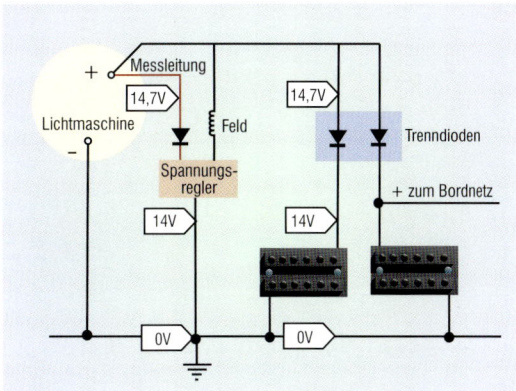

Das bringt uns zum Pathmaker, der im Wesentlichen ein Trennrelais für sehr hohe Ströme ist, doch mit einem Unterschied: Seine Hauptanschlüsse sind jeweils an einen Batterieblock angeschlossen, und die Spannung zwischen jedem Anschluss und Masse wird ständig überwacht. Dies macht aus ihm ein spannungsgesteuertes Relais, das den Zustand beider Akkus kennt. An seiner Kontrollbox lassen sich die Spannungen einstellen, bei denen das Relais die Hauptkontakte trennen oder schließen soll.

Lichtmaschine und Motorverkabelung verbleiben im serienmäßigen Zustand, und zum Zeitpunkt des Motorstarts sind die Kontakte des Pathmaker-Relais offen. In der Tat wird auch nach dem Starten des Motors die Lichtmaschine nicht sofort Zugang zu den Bordnetz-Akkus haben. Denn zunächst erhält die Anlasserbatterie den gesamten Ladestrom der Lichtmaschine, um schnell wieder gefüllt zu werden. Dann bringt die Spannung am motorseitigen Anschluss die Kontrolleinheit dazu, die Relais-Spulen zu erregen und den Hauptkontakt zu schließen. Nun sind die beiden Batterie-Sätze tatsächlich parallel geschaltet, und der weniger geladene Bordnetz-Akku wird den größten Teil des von der Lichtmaschine erzeugten Stromes erhalten. Sobald der Motor stoppt, wird die Spannung am Relais nicht mehr die von der Lichtmaschine erzeugten 14 Volt betragen, sondern auf die von den Akkus abgegebenen 12,8 Volt abfallen. Das Relais reagiert mit dem Öffnen der Kontakte, wodurch die Batterieblöcke wieder voneinander

getrennt werden. Wenn aus irgendeinem Grund die Anlasserbatterie leer sein sollte, kann ein Schalter am Pathmaker-Relais dessen normale Funktion aufheben und die beiden Batterien für maximal 5 Minuten miteinander verbinden. Dann kann mit der Bordnetz-Batterie der Motor gestartet werden. So dient dieses Relais auch als Notstart-Vorrichtung.

Mit den Einstellrädchen lassen sich die Spannungen einstellen, bei denen das Relais die Kontakte unterbricht oder schließt. Der rote Schalter ist die manuelle Überbrückung für den Notstart des Motor aus der Bordnetz-Batterie.

ALTERNATIVE STROMQUELLEN

Windgeneratoren

In windreichen Regionen bietet sich eine sinnvolle und kostenlose Stromquelle an, die nur einmalige Investitionen in die Technik erfordert: Windgeneratoren können Tag und Nacht arbeiten, sie produzieren bei einem Wind von 20 Knoten etwa 4 Ampere Strom. Dies reicht zum Nachladen des bei normalen Bordaktivitäten verbrauchten Stroms. Es ist aber zu viel, um auf dem unbenutzten Boot dauerhaft unkontrolliert an die Batterie abgegeben zu werden. Deswegen ist eine Form der Regelung nötig, um die Ausgangsspannung eines Windgenerators in sinnvollen Grenzen zu halten.

Als Stromerzeuger kommen in Windgeneratoren je nach Hersteller sowohl Gleichstrom- als auch Wechselstrom-Generatoren zum Einsatz. Gleichstromgeneratoren sind nichts weiter als umgedrehte Gleichstrommotoren, weswegen es sehr wichtig ist, in den Ausgang eine Rückstrom-Diode zu schalten. Ansonsten versorgt bei Flaute die Batterie den Windgenerator, und das ansonsten sehr nützliche Gerät produziert Wind anstatt Strom.

Die elektrische Ausgangsleistung von Gleichstromgeneratoren ist meist etwas höher als bei vergleichbaren Wechselstromgeneratoren, der üblicherweise im Zusammenhang mit ihnen erwähnte Kollektor-Verschleiß hält sich aufgrund der geringen Drehzahl von Windgeneratoren in Grenzen.

Die Wechselstromgeneratoren in Windkraftanlagen für Yachten ähneln großen Fahrrad-Generatoren (siehe Seite 49), und der erzeugte Strom kann ein- oder dreiphasig sein, bevor er mit einem integrierten Diodensatz vollständig zu Gleichstrom gerichtet wird.

Alle Windgeneratoren haben eine wichtige Gemeinsamkeit: Sie besitzen keine Feldspulen, stattdessen erzeugen Dauermagneten das Magnetfeld. Das hat grundlegende Auswirkungen auf die einzusetzende Regelungstechnik:

Ein Windgenerator produziert die meiste Zeit nur geringe Ausgangsleistung. Es bedarf schon einer steifen Brise, um einen so großen Strom zu erzeugen, dass die Regelung eingreifen muss. Deswegen wäre es unnötig kompliziert, eine echte Feldstärken-Regelung wie bei der Lichtmaschine einzusetzen, um die Ausgangsleistung zu kontrollieren. Stattdessen werden andere Vorrichtungen

zur Regelung benutzt, die einen weniger komplizierten Aufbau des Generators zulassen.

Am populärsten sind die so genannten Shuntregler. Markenzeichen dieser Regler-Bauart ist ein großer, verrippter Kühlkörper. Der ist nötig, weil überschüssiger Ladestrom in Wärme umgesetzt wird. Der Regler enthält dazu Leistungstransistoren, die einfach als Verbraucher parallel zum Generator zwischen Plus und Minus geschaltet sind. Die Steuerelektronik lässt genau so viel Strom durch die Transistoren abfließen, dass die Spannung an den Anschlüssen des Shuntreglers den eingestellten Grenzwert nicht überschreitet.

Die dabei entstehende Hitze kann beträchtlich werden, und so hat schon mancher Bootsbesitzer darüber nachgedacht, den Shuntregler in einen Warmwasserbereiter zu integrieren, um der Abwärme etwas Nützliches abgewinnen zu können. Der Effekt einer solchen Installation wird allerdings gering sein: Der oben angesprochene Windgenerator erzeugt bei 6 Windstärken gerade 60 Watt Leistung. Das

Heizelement eines schwachen Warmwasserbereiters benötigt schon 1200 Watt. Sie würden also sehr lange auf warmes Wasser durch Windkraft warten müssen.

Im Vergleich mit der Lichtmaschine liefern Windgeneratoren auch bei Sturm nur niedrige Stromstärken. Und nur für diese sind Shuntregler ausgelegt. Wenn ein solcher Regler nun direkt an der Batterie angeschlossen wird, so wird die Anlage zunächst funktionieren. Ein Problem bekommen Sie aber, sobald Landanschluss oder der Motor in Betrieb gehen. Denn sowohl Ladegerät als auch Lichtmaschine liefern ein Vielfaches des Stromes, den der Shuntregler verträgt. Trotzdem wird dieser versuchen, den seiner Ansicht nach überschüssigen Strom abzuleiten und in Wärme umzusetzen – und sich dabei durch Überhitzung selbst zerstören. Also muss der Regler so angeschlossen werden, dass ihn der Strom von Ladegerät oder Lichtmaschine nicht erreichen kann. Eine zwischen Regler und Batterie eingesetzte Schutzdiode bewirkt genau dies, sie übernimmt gleichzeitig die Aufgabe der Rückstromdiode bei Gleichstromgeneratoren. Sie ist auch dann nötig, wenn bereits ein Diodenverteiler im Bordnetz vorhanden ist. Manche Regler haben eine eingebaute Schutzdiode.

Normalerweise haben Shuntregler nur zwei Anschlüsse, nämlich Plus und Minus. Einen speziellen Eingang oder Ausgang gibt es nicht. Wenn trotzdem mehr als zwei Klemmen vorhanden sind, dann ist das nur als Erleichterung beim Verdrahten gedacht, sie sind intern verbunden. Eine Ausnahme bilden nur Regler, die bereits die oben beschriebene Schutzdiode enthalten. Irgendwelche Überbrückungsschalter werden in jedem Fall nutzlos sein, da die Klemmen intern ohnehin durchverbunden sind.

Beim Kauf eines Windgenerators muss über die tatsächliche Ausgangsleistung Klarheit bestehen. Sie kann als Maximalwert oder für bestimmte Windgeschwindigkeiten angegeben werden – passen Sie also auf!

Die meisten Generatoren werden erst ab einer Windgeschwindigkeit von 7 Knoten Strom produzieren. Die maximale Ausgangsleistung wird wahrscheinlich erst bei 30 Knoten Wind erreicht. Um realistisch zu sein, sollte man die Ausgangsleistung bei Windstärken von 10 bis 20 Knoten kennen.

Solarzellen

Hier ist die stille Alternative zu Windgeneratoren, obwohl man einige Platten benötigt, um den gesamten Energiebedarf einer Yacht nur mit Solarzellen zu decken. Photovoltaik-Anlagen sind noch relativ teuer, und die große Anfangsinvestition muss gegen die vergleichbar niedrige Ausgangsleistung abgewogen werden. Beim Vergleich der durchschnittlichen Ausgangsleistung gegen Geldeinsatz bieten Solarkollektoren weniger als Windgeneratoren, und bereits ein dünner Wolkenschleier kann ihre Wirksamkeit um 70 % verringern. Trotzdem können schon kleine Solarmodule sehr nützlich sein,

auch wenn der erzeugte Strom gering ist: Sie halten die Akkus im geladenen Zustand, wenn das Boot nicht benutzt wird. So sind die Batterien immer in einem guten Zustand, wenn Sie am Wochenende an Bord kommen.

Ein Solarpanel besteht aus einer Vielzahl in Reihe geschalteter photovoltaischer Zellen, meist 27 Stück. Diese produzieren genügend Spannung, um die Batterien in einer 12-Volt-Anlage über eine Trenndiode zu laden. Pro Quadratmeter können bis zu 50 Watt elektrischer Leistung produziert werden. Nicht viel, aber auf einem Segelboot bereits eine ausreichende Leistung, um den Stromverbrauch der Navigationselektronik zu decken.

Alle fest installierten Solaranlagen benötigen einen Regler gegen Überladung. Fast alle Windgenerator-Regler akzeptieren auch den Anschluss von Solarzellen, doch umgekehrt ist dies oft nicht möglich. Denn die meisten speziellen Photovoltaik-Regler sind für die höheren Stromstärken der Windräder nicht geeignet. Einfache Solarregler sind vom Typ des Shuntreglers, wie er schon bei den Windgeneratoren beschrieben wurde. Natürlich gelten für diese auch dieselben Vorgehensweisen beim Anschluss ans Bordnetz. Wenn mehr als ein Solarpanel verwendet wird, werden alle Leitungen zu einer gemeinsamen Anschlussbox und einem gemeinsamen, ausreichend dimensionierten Regler geführt.

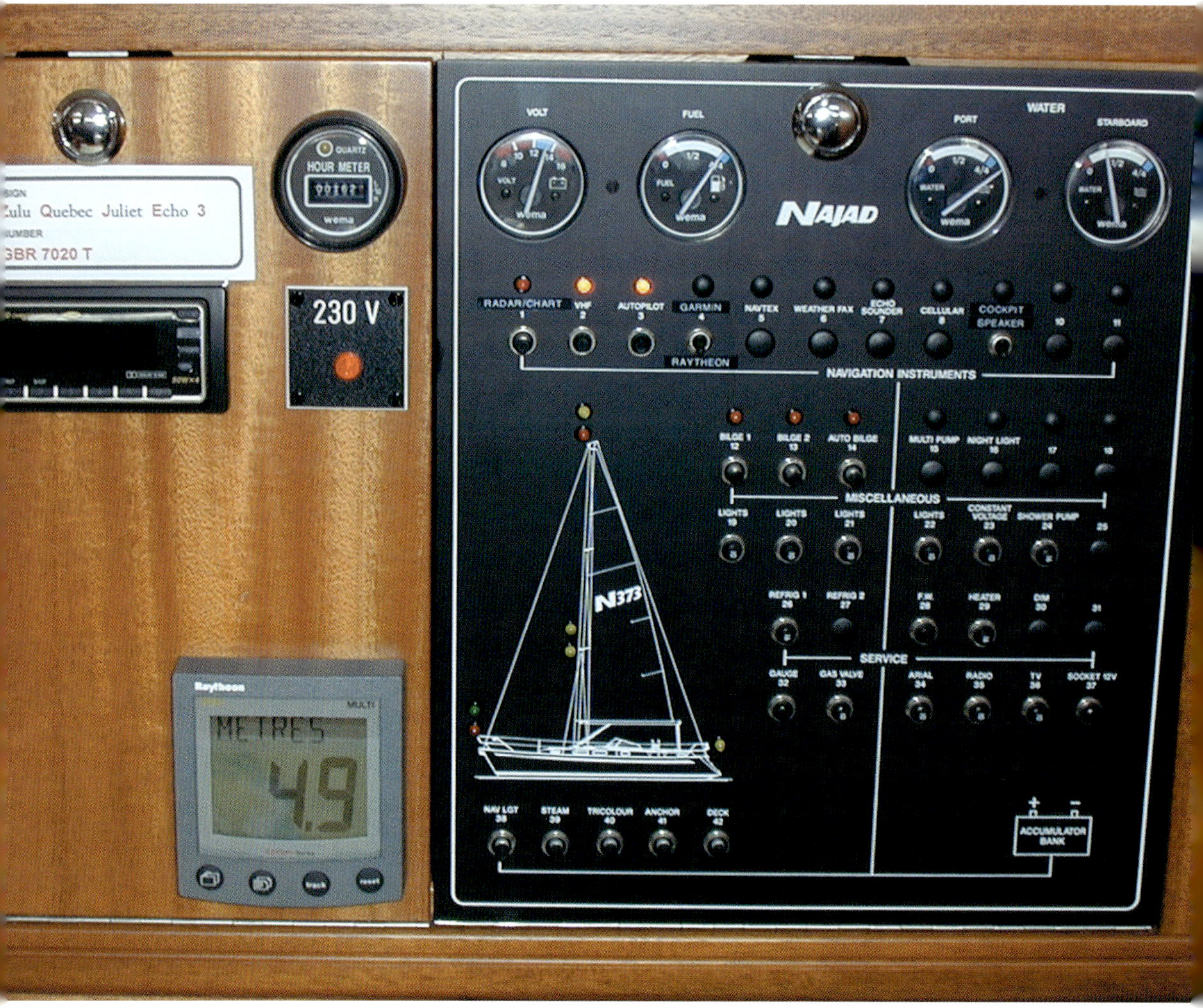

**Verteilertafeln
Sicherungen und Automaten
Dauerversorgung
Mastenverkabelung**

SICHERE STROMVERSORGUNG

KAPITEL 6

GLEICHSTROM-VERTEILUNG

Das bordeigene Gleichstrom-Verteilersystem arbeitet in einer rauen Umgebung, weswegen es sehr robust sein muss. Die Kabel und diversen Geräte haben elektrisch und mechanisch intakt zu sein, zudem müssen sie gut geschützt werden, um über Jahre zuverlässig zu arbeiten. Obendrein muss die Installation sicher sein, denn wo Elektrizität ist, besteht Feuergefahr. Viele Leute glauben, dass sie bei einer niedrigen Spannung – nur bei den größten Yachten liegt sie über 12 Volt – sicher seien. Doch dem ist einfach nicht so. Je geringer die Spannung, desto höher ist die Stromstärke (in Ampere), die man für eine bestimmte Leistung benötigt. Und es sind die großen Ampere-Werte, die ein Bauteil überhitzen und möglicherweise entzünden können.

GRUNDLAGEN

Lassen Sie uns einen typischen Boots-Stromkreis mit einem möglichst einfachen Aufbau entwickeln. Abb. 1 zeigt eine Batterie, die einen einzelnen Verbraucher (hier eine Lampe) versorgt. Es ist festzustellen, dass der Strom aus dem Pluspol der Batterie austritt, durch den Stromkreis fließt und im Minuspol der Batterie wieder eintritt. Wenn mehr als ein Verbraucher versorgt werden soll, sind diese am besten parallel anzuschließen (Abb. 2), sodass jeder die gleiche Spannung erhält. Doch würde die Verkabelung eines ganzen Bordnetzes auf diese Weise sowohl teuer als auch unübersichtlich. Glücklicherweise können wir mit dem Sparen beginnen, indem wir einige der Rückleitungen mit der Hilfe von Anschlussdosen zusammenlegen (Abb. 3). In solchen Systemen werden die Rückleitungen dicker, je näher wir der Batterie kommen, weil sie ihr den gesamten Strom der verschiedenen Kreise zuführen müssen – so wie Nebenstraßen mit Hauptstraßen und diese mit Autobahnen verbunden werden, um den Autoverkehr ins Zentrum am Fließen zu halten.

Abb. 1

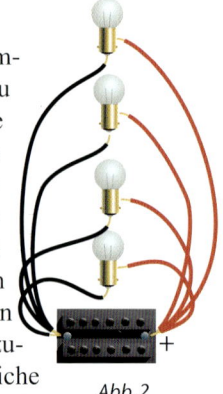

Abb.2

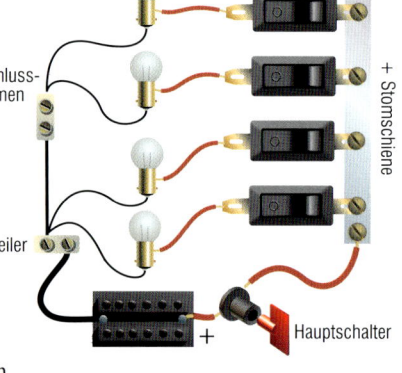

Anschluss-klemmen

Masse-leitung

Abb. 3

Sicherungs-automaten

Anschluss-klemmen

+ Stomschiene

– Verteiler

Hauptschalter

Abb. 4

Batteriebänke

Die meisten Batterien von Freizeitbooten haben 12 Volt, und der Zeitraum, über den sie die Verbraucher versorgen können, hängt von ihrer Kapazität ab, die in Amperestunden gemessen wird. Die Kapazität können Sie erhöhen, indem Sie mehrere Akkus vom selben Typ parallel zusammenkoppeln. So eine Gruppierung von Akkus wird als Batteriebank bezeichnet und kann für alle praktischen Zwecke als eine einzelne große Batterie betrachtet werden, deren Kapazität der Summe aller Einzelakkus entspricht.

Zur Sicherheit benötigen wir an der Plus-Seite der Batterie einen Hauptschalter sowie Sicherungen für die einzelnen Verbraucher-Stromkreise (Abb. 4). Durch die Montage der Schalter an eine gemeinsame Stromschiene können wir diese mit einem einzelnen dicken, von der Batterie kommenden Kabel versorgen. Dieses verhindert das Vollstopfen der Batterie-Plusklemme und reduziert das Risiko von Kurzschlüssen an dieser.

Als Annehmlichkeit werden die Stromschiene und die Schutzvorrichtungen üblicherweise hinter einer beschrifteten Tafel montiert (Abb. 5), von der aus das Verteilersystem kontrolliert wird. Von hier aus erstrecken sich individuelle Stromkreise zur Versorgung der einzelnen Verbraucher, die normalerweise noch mit direkt am Gerät angebrachten eigenen An/Aus-Schaltern ausgerüstet sind.

Auch das Kabel von der Batterie zur Verteilertafel muss mit Sicherungsautomaten oder einer Schmelzsicherung vor Kurzschlüssen geschützt werden. Sie wird so dicht wie möglich an der Batterie auf einer eigenen kleinen Verteilertafel angebracht.

Diese hat auch noch andere wichtige Funktionen: Sie ist ein Schnittpunkt, an dem beide Pole des Primärstromkreises auf Klemmen liegen und eine günstige Stelle, um Messinstrumente wie ein Voltmeter oder Amperemeter hinzuzufügen. Letzteres arbeitet mit einem so genannten Shunt-Widerstand, so muss nur eine kleine Messspannung und nicht der ganze Strom zum Instrument und zurück fließen.

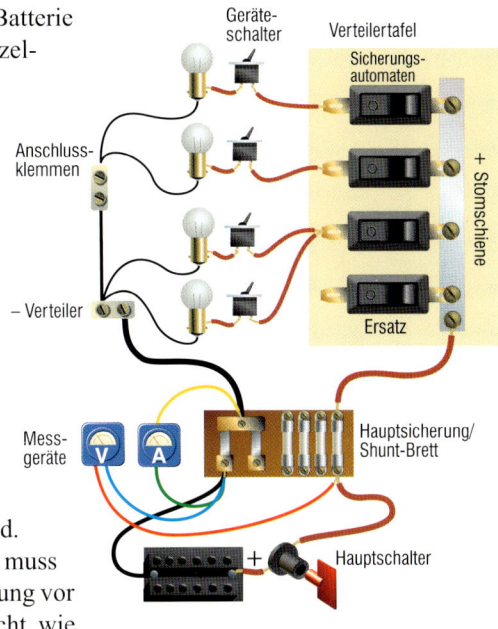

Abb. 5

Batterie-Hauptschalter

Jede Batterie sollte ihren eigenen Hauptschalter besitzen, der so nahe wie möglich an ihrer Plusklemme sitzt. Hauptschalter gibt es in zwei Ausführungen: per Schlüssel betätigt oder als kombinierte Haupt/Auswahlschalter. Ersterer genügt für Einzelakkus oder Batteriesätze und hat den Vorteil, dass der Schlüssel abgezogen werden kann, um sie außer Betrieb zu setzen. Was jeden Gelegenheitsdieb daran hindert, das Bordnetz anzuzapfen oder den Anlasser zu betätigen. Wie der Name andeutet, kann der

Haupt/Auswahlschalter zwischen mehreren Batterien auswählen, sie abschalten oder miteinander verbinden, um ihre Leistung zu kombinieren – z.B. zum Starten des Motors. Wie wir im letzten Kapitel gesehen haben, bringt diese Art von Schalter ihre eigenen Probleme mit sich, weil man leicht die Auswahl der richtigen Batterie vergessen kann. Trotzdem ist sie, vor allem wegen der Möglichkeit, den Motor mit allen zur Verfügung stehenden Batterien zu starten, sehr beliebt.

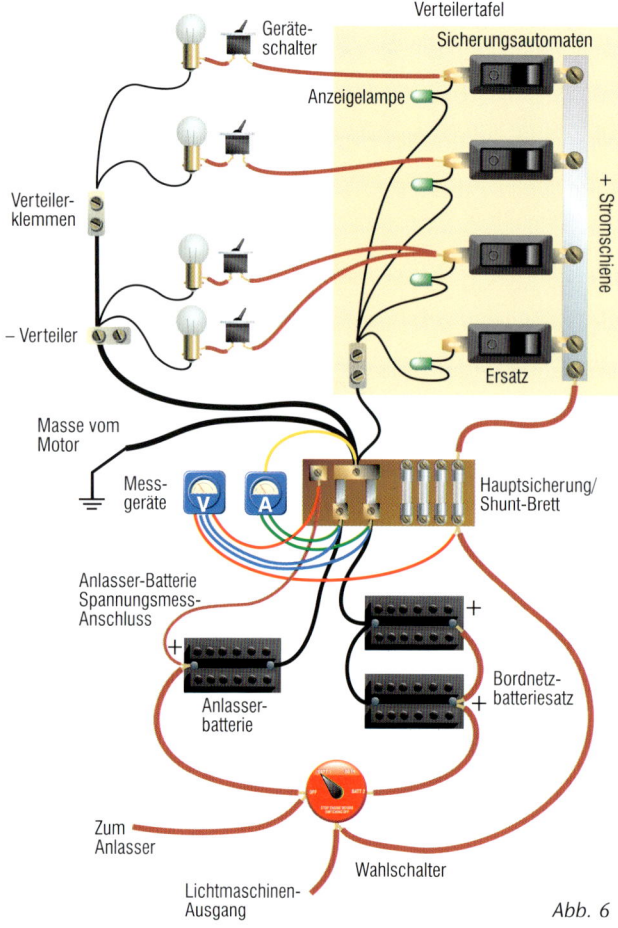

Verteilertafel

Geräte-
schalter

Sicherungsautomaten

Anzeigelampe

+ Stromschiene

Verteiler-
klemmen

– Verteiler

Ersatz

Masse vom
Motor

Mess-
geräte

Hauptsicherung/
Shunt-Brett

Anlasser-Batterie
Spannungsmess-
Anschluss

+

+

Anlasser-
batterie

Bordnetz-
batteriesatz

+

Zum
Anlasser

Wahlschalter

Lichtmaschinen-
Ausgang

Abb. 6

Mit jeglichem Mehr-Batterien-System bietet sich eine Auswahl an Akku-Nutzungen an (siehe Abb. 6), dazu ist eine Verbindung zwischen den Minusklemmen aller Batterien nötig. Sie werden feststellen, dass die Minuspole der Anlasser- und Bordnetz-Batterien mit jeweils einem Bein eines Doppelshunts verbunden und über diesen somit zusammengeschaltet sind. An diesem nimmt das Amperemeter seine Informationen ab, und durch die Verwendung eines Auswahlschalters (nicht gezeigt) an den Messgeräten lässt sich jede der beiden Batterien einzeln überwachen. Der Minuspol des Bordnetzes hängt am gemeinsamen Anschluss des Shunts. Als weitere Verfeinerung sind Anzeigeleuchten oder LEDs* an jedem Gerätestromkreis angebracht, um dem Bootsbesitzer auf einen Blick zu zeigen, welche Stromkreise aktiv sind.

* LED – siehe Seite 80

Selektivschutz

Die Bordverteilung muss die Fähigkeit haben, nur defekte Stromkreise zu unterbrechen, während intakte Kreise angeschlossen bleiben. Eine solche unterschiedliche Behandlung wird durch Koordinierung der Stromstärken und Ansprechzeiten der zwischen Batterie und Verbraucher sitzenden Sicherungsautomaten (oder Sicherungen) erreicht. Wie in Abb. 6 zu sehen ist, gibt es im Versorgungs-Stromkreis zwei Schutz-Ebenen (einige sensible Verbraucher müssten zudem örtlich abgesichert sein – was dann drei macht). Die Sicherungen nahe der Verbraucher haben die niedrigsten Ampere-Raten und die schnellsten Ansprechzeiten, während solche nahe der Batterie die höchsten Stromstärken verkraften müssen und die langsamsten Reaktionszeiten haben. Wenn beispielsweise

an der Topplampe ein Kurzschluss auftritt, ist der Strom groß genug, alle Schutzvorrichtungen von der Batterie bis zum Verbraucher auszulösen. Allerdings wird der Lampen-Sicherungsautomat (niedrigste Stromstärke, kürzeste Verzögerung) zuerst auslösen, um den Fehler zu beheben. Dadurch bleibt die Hauptsicherung eingeschaltet und die anderen, intakten Stromkreise in Betrieb.

Bei Kurzschlüssen die letzte Verteidigungslinie vor der Batterie: Die Hauptsicherungen haben den höchsten Wert und die längste Ansprechzeit.

Dauerverbraucher

Dieses Stromkreis-Schema zeigt den Aufbau der vorherigen Seite. Hinzugefügt wurde eine durch eine separate Leitung versorgte zweite Stromschiene. Diese Schaltung dient der Dauerversorgung und soll eine ununterbrochene Stromquelle beispielsweise für automatische Lenzpumpen, Notfall-Sender und Ähnliches bieten. Wie man erkennen kann, ist die Versorgung nicht von der Batterie getrennt – sie bietet die kürzeste und direkteste Verbindung vom Akku zum Verbrau-

cher. Die Dauerversorgung kann genutzt werden, ein ungenutztes Boot zu bewachen. Ein Sicherheits-Alarmsystem ist ein solcher Einsatzzweck, genauso eine automatische Lenzpumpe, die durch einen Schwimmerschalter (rechts) aktiviert wird. Allerdings müssen diese Schalter regelmäßig kontrolliert werden, da sie durch Ablagerungen zum Klemmen neigen. Dann läuft die Pumpe trocken und kann überhitzen. Eine Dauerversorgung ist außerdem für die Sicherheitsschaltung von Gebläse-Bootsheizungen sehr wichtig. Diese Heizungen sind weit verbreitet und lassen sich einfach als Miniatur-Düsentriebwerke beschreiben. Dabei ist es absolut lebenswichtig, dass diese Geräte beim Abschalten die vorprogrammierte Kühlphase durchlaufen, bevor sie stillgelegt werden. Aus diesen Gründen sieht man, dass der Sicherungsautomat der Versorgungsleitung in der Verteilertafel anders aussieht als die Übrigen. Es handelt sich um einen rücksetzbaren Automaten (unten), der manuell geschlossen wird, aber nur durch Überlast-Auslösung geöffnet werden kann. Im Hinblick auf die Heizung stellt dies sicher, dass niemand unbeabsichtigt ihren Stromkreis unterbrechen kann, während sie Kraftstoff verbrennt. Sie kann nur mit den Geräteschaltern gestoppt werden, die eine ununterbrochene elektrische Versorgung sicherstellen, sodass der Kühlprozess in Gang gesetzt werden kann. Wäre dieses Sicherheitsmerkmal nicht vorhanden, würde sich bei einem plötzlichen kompletten Abschalten der Heizung Kraftstoff im sehr heißen und unbelüfteten Brennraum sammeln und könnte eine sehr unangenehme Verpuffung herbeiführen.

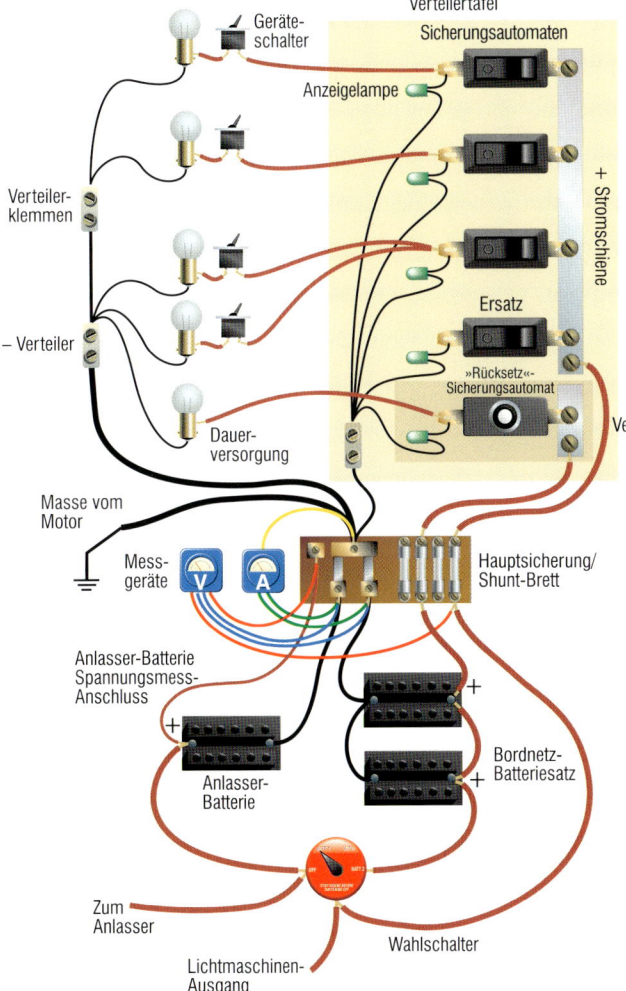

75

AUTOMAT ODER SCHMELZSICHERUNG?

Das ist hier die Frage! Wenn man einen Wechsel in Betracht zieht, darf man dann beispielsweise eine 10A-Schmelzsicherung durch einen Automaten mit gleichem Wert ersetzen? Die Antwort hierauf trägt dazu bei, grundlegende Unterschiede zwischen den beiden zu erklären.

Manche elektrischen Verbraucher nehmen einen großen Anlaufstrom auf, wenn man sie anschaltet. Allgemein ist eine so genannte träge 10A-Sicherung dafür vorgesehen, ihre angegebene Stromstärke plus irgendwelche im Normalbetrieb entstehenden Stromspitzen durchzulassen. Die

Höhe dieser Spitzenströme ergibt sich aus der Stromstärke und der Durchbrenn-Zeit – beispielsweise die 2,5-fache Stromstärke innerhalb von 5 Sekunden und der 3,5-fache Strom innerhalb einer Sekunde. Wird eine Sicherung durch einen kurzen Anlaufstrom über ihren vorgegebenen Amperewert belastet, beginnt ihr Draht zu glühen und sich selbst zu schwächen. Wird dieses mehrfach wiederholt, wird sie durchbrennen. Um dieses Problem zu umgehen, muss etwa ein 10A-Motor, der einen Anlaufstrom von 50A hat, mit einer weit über dem Normalwert von 10 Ampere liegenden Sicherung ausgerüstet werden, damit sie nicht regelmäßig durchbrennt. Dieses kann allerdings für die Kabel zum Motor bei stärkeren Strömen gefährlich wer-

Sicherungen

Schmelzsicherungen gibt es in schnell oder langsam ansprechenden Versionen, um unterschiedliche Verbraucher zu schützen. Aufgrund ihrer konstruktiven Einfachheit sind sie wesentlich billiger als Automaten, haben aber auch einige Nachteile. Einer ist, dass eine durchgebrannte Sicherung Sie verpflichtet, den Stromkreis zu kontrollieren, andernfalls wird die nächste wieder durchbrennen. Weiter besteht eine große Versuchung, eine ständig durchbrennende Sicherung vorübergehend durch eine Ausführung mit höherem Amperewert zu ersetzen – viele Täter sind sich mit vollem Wissen über alle Konsequenzen hierüber immerhin ihrer Schuld bewusst. Ein anderer Nachteil liegt darin, dass der Schmelzdraht mit

der Zeit oxidiert, und gerade, wenn man es am wenigsten braucht, wird er wegen Altersschwäche durchbrennen – dieses sollte man sich merken, bevor man sich im Bordnetz auf die Fehlersuche macht.

den. Sie müssten dann ebenfalls für 50 Ampere ausgelegt werden anstatt für die eigentlich benötigten 10 Ampere. Was eine Menge unnötiges Kupfer bedeutet.

Ein Sicherungsautomat hingegen kann das Gleiche wie die Schmelzsicherung, doch diesmal sind wir aufgrund seiner Konstruktion in der Lage, die integrierte Zeitverzögerung besser zum Verbraucher passend auszuwählen, ohne dass der Mechanismus mit der Zeit zerstört wird. Der 10A-Motor kann jetzt mit einem Sicherungsautomaten ausgerüstet werden, der wesentlich näher am 10A-Wert liegt und trotzdem die 50 Ampere Anlaufstrom verkraftet.
Für normale elektrische Verbraucher ohne Anlaufstrom sind Sicherungen und Automaten größtenteils austauschbar.

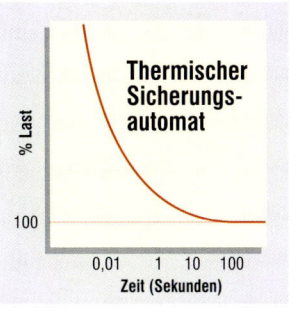

Allzu oft besteht über die Funktion der Hauptsicherungen oder entsprechenden Automaten eine irreführende Vorstellung, die hier für alle Bootsbesitzer geklärt werden soll: Schutzvorrichtungen in der Schalttafel sind dafür da, Kabel und Schalter zu schützen – und nicht die angeschlossenen Geräte. Jede Sicherung muss höhere Amperewerte besitzen als alle an sie angeschlossenen Verbraucher bei dauerhaftem und fehlerfreiem Betrieb benötigen. Und der Querschnitt sämtlicher Kabel im so gesicherten Stromkreis muss mindestens für den auf der Sicherung angegebenen Strom ausgelegt sein. Der Schutz der Verbraucher erfolgt über eine separate Sicherung direkt vor oder im Gerät.

Abschaltstrom

Eine gewöhnliche Starter-Batterie ist durchaus in der Lage, 2000 Ampere in einen kurzgeschlossenen Stromkreis zu leiten, und ein kraftvoller Batterie-Satz kann noch deutlich mehr bieten. Wenn ein Kurzschluss auftritt, ist die Stromstärke nur durch den Widerstand der beteiligten Kabel begrenzt, und ein Strom von mehreren hundert Ampere (unter Umständen auch Tausenden) kann in Bruchteilen von Sekunden aufgebaut werden, bevor ein Automat oder eine Sicherung ihn unterbricht. Die Unterbrechung eines Stroms von solchem Ausmaß kann ebenfalls ein brutaler Prozess sein, der die Bildung – und dann die Unterbrechung – eines Lichtbogens beinhaltet. Bei einer Schmelzsicherung kann durch das geschmolzene und verdampfte Metall eine Miniatur-Explosion hervorgerufen werden. Bei einem Sicherungsautomaten kann die Gefahr bestehen, dass der Lichtbogen eine Erosion an den Unterbrecherkontakten erzeugt oder – schlimmer noch – beide Kontakte zusammenschweißt.
Um mit dieser Gefahr des hohen Abschaltstromes fertig zu werden, gibt es Sicherungen, deren Schmelzdraht durch Pudersand geführt wird. Für manche Automaten ist der Abschaltstrom angegeben, für andere werden keine Daten angegeben. Eine Vorrichtung, die in der Lage ist, hohe Stromstärken zu unterbrechen, kann in der ersten Verteidigungslinie hinter der Batterie eingesetzt werden.

SICHERUNGSAUTOMATEN

Sie sind zwar teurer, aber auch eine Langzeit-Investition. Und weil sie zudem als Schalter fungieren, kann ein Teil der Kosten wieder zurückgewonnen werden, da man keine weiteren Schalter für den Stromkreis mehr benötigt, wie es bei Schmelzsicherungen der Fall wäre. Ein weiterer Vorteil liegt darin, dass ein ausgelöster Sicherungsautomat auch in der Dunkelheit erfühlt und zurückgesetzt werden kann. Von den etwa fünf Grundtypen dieser Automaten werden nur zwei üblicherweise in Booten eingesetzt: thermische und magnetische Sicherungsautomaten.

Thermischer Sicherungsautomat

Hier wird ein vom durchfließenden Strom erhitzter Bimetall-Streifen eingesetzt. Durch die Erwärmung verbiegt sich der Streifen allmählich, bis er den Mechanismus entriegelt, der die Kontakte zusammenhält. Weil es für das Erhitzen bis zum Auslösen Zeit braucht, kommt eine Verzögerung zustande, die einen hohen Anlaufstrom ausgleichen kann. Und genauso muss der einmal erhitzte Metallstreifen erst wieder abkühlen, bis der ausgelöste Schalter wieder zurückgestellt werden kann. Dadurch wird ebenfalls dem Stromkreis und dem Gerät Zeit gegeben sich abzukühlen.

Der Mechanismus wird immer frei auslösend ausgeführt. Das bedeutet, dass der Schalter und seine Kontakte nicht gegen einen fehlerhaften Zustand gehalten werden können. Ohne einen solchen Mechanismus könnte der Stromkreis auch im Kurzschlussfall per Hand eingeschaltet gehalten werden, wodurch Kabel und Verbraucher sich stark erwärmen würden – was im schlimmsten Fall zu einem Kabelbrand führt.

Thermische Sicherungsautomaten sind auch selbstausgleichend bezüglich der Umgebungstemperaturen. Weil der Streifen automatisch der gleichen äußeren Wärmeeinwirkung ausgesetzt ist wie die Kabel, löst er ohne Verzögerung aus, wenn die Wärmeschwelle überschritten wird. Beispielsweise ist die Elektrik einer in den Tropen kreuzenden Yacht höheren Temperaturen ausgesetzt als die eines Bootes im nördlichen Baltikum. Auch ohne Stromfluss kann die Temperatur der Kabel in den Tropen bei 40 bis 45 °C liegen – schon ziemlich warm. Allein durch den Einfluss der Umgebungstemperatur biegt sich der Bimetallstreifen in Richtung Auslöser. Der Automat wird wesentlich früher

auslösen als in kalten Gegenden. Das ist sinnvoll, da die zu schützenden Kabel ebenfalls höheren Umgebungstemperaturen ausgesetzt sind und sich vom fließenden Strom stärker erwärmen.

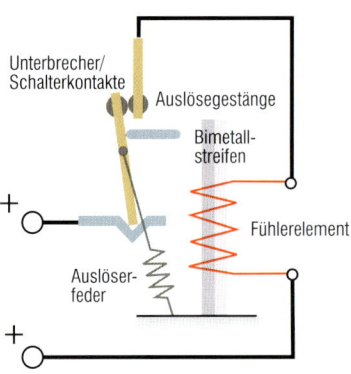

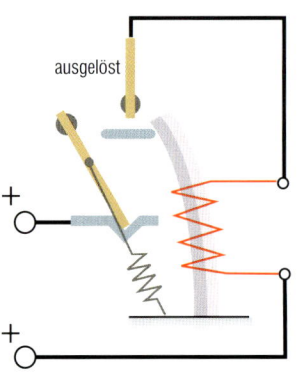

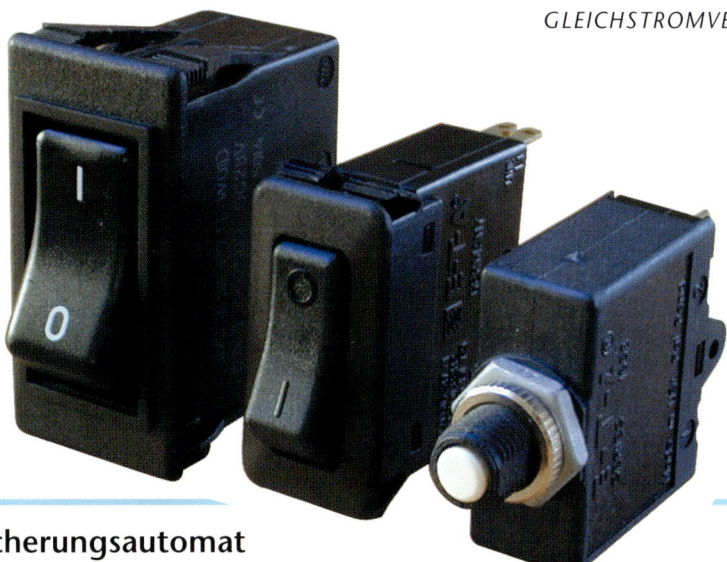

Magnet-Sicherungsautomat

Hier wird der gegen eine Feder arbeitende Magnetschalter als Auslöse-Mechanismus eingesetzt, weswegen seine Wirkung sehr schnell erfolgt. Diese Sicherungsautomaten können sofort nach dem Auslösen wieder zurückgesetzt werden. Wenn der Fehler noch vorhanden ist, wird der Automat unverzüglich erneut auslösen. Da der Strom nur sehr kurz fließt, können die Kabel im geschützten Stromkreis nicht zu warm werden.

Weil diese Automaten so schnell sind und dazu neigen, auch unberechtigt aufgrund von kurzen Stromstößen, Vibrationen und der geringsten Überlast auszulösen, sind sie nicht weit verbreitet. Einige Magnet-Sicherungsautomaten beinhalten einen Verzögerungsmechanismus, um die Sensibilität für kürzeste Stromspitzen zu dämpfen, aber den Magnetmechanismus zum unverzüglichen Auslösen bei starken Überlastungen zu behalten.

Auf See wird viel von Sicherungsautomaten verlangt. Sie können über Jahre geschlossen sein und Strom leiten. Doch dann fließt plötzlich ein überhöhter Strom oder es entsteht ein Kurzschluss, und sie müssen mit hundertprozentiger Zuverlässigkeit öffnen. Darum sollten alle Ausführungen von Automaten regelmäßig betätigt werden. Dieses hält die Gelenke beweglich und die Kontakte frei von Korrosion.

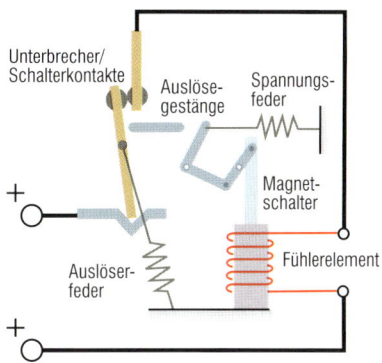

Unterbrecher/Schalterkontakte
Auslösegestänge
Spannungsfeder
Magnetschalter
Fühlerelement
Auslöserfeder

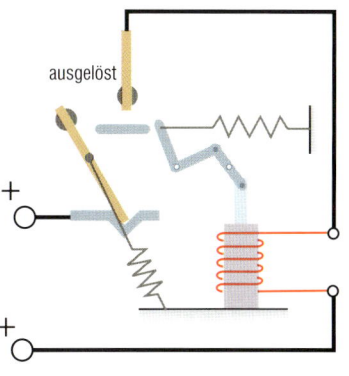

ausgelöst

DER KABELBAUM

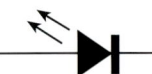

*LED: Light Emitting Diode, zu Deutsch also Licht aussendende Diode.
Sie arbeitet wie eine normale Halbleiter-Diode, ist jedoch mit anderen Materialien bestückt, wodurch die über die Diode fließenden freien Elektronen eine zusätzliche Energie auslösen, die in Form sichtbaren Lichts ausgestrahlt wird. Die Farbe dieses Lichts hängt von den Materialien ab. LEDs arbeiten mit etwa 2 Volt und werden normalerweise zum Begrenzen des Stromflusses mit einem Widerstand kombiniert, um nicht durchzubrennen.*

Um Zeit und Kosten zu sparen, sind die meisten Serienboote mit speziell vorbereiteten Kabelbäumen ausgerüstet, die die verschiedenen an Bord verteilten elektrischen Verbraucher versorgen. Die Batterien, die Verteilertafel und der Hauptschacht des Kabelbaums liegen normalerweise an einer Seite des Fahrzeugs, und individuelle Kabel führen heraus, um den Strom dorthin zu leiten, wo immer er benötigt wird.

Wenn sie auch günstig für den Hersteller sind, können Kabelbäume für viele Bootsbesitzer doch ein Problem darstellen, falls zu einem späteren Zeitpunkt weitere Verbraucher hinzugefügt werden sollen. Wenn der Bootsbauer aufmerksam war, hat er ein Bordnetz installiert, das Ersatzkabel vorsieht – bis zu 20 % extra sind üblich. Falls nicht, ist der Bootsbesitzer dem risikoreichen Geschäft ausgesetzt, in die vorhandene Versorgung einzugreifen und nicht zu wissen, ob dies die Kabel aushalten. Besonders gilt das für die Masse, die eine Anzahl verschiedener Stromkreise bedient. Im Zweifel sollte eine zusätzliche Masseleitung direkt zum Minuspol der Batterie, oder – falls vorhanden – zum Messshunt geführt werden.

Wenn es im originalen Kabelbaum nicht speziell vorgesehen ist, bedürfen leistungshungrige Vorrichtungen wie Ankerwinden und Bugstrahlruder immer einer eigenen Stromversorgung.

Eine heruntergeklappte Verteilertafel enthüllt die Stromschienen-Anschlüsse, die Anschlussverbindungen und die Kabelbäume. Die Bündel roter und schwarzer Kabelstränge schlängeln sich durch das Boot, um die entsprechenden Gleichstrom-Verbraucher zu versorgen.

VERTEILERTAFEL

Die Abbildung zeigt eine vollständige Schalttafel, oben für die Wechselstromversorgung und unten für das 12-Volt-Verteilernetz. Alle Sicherungsautomaten für das Gleichstromnetz sind deutlich beschriftet und zu logischen Gruppen sortiert: Positionslampen, Service und Elektronik.

Beachten Sie, dass ein oder zwei Automaten als Ersatz verbleiben. Eine weitere Gruppe von Sicherungsautomaten ist danach ausgewählt, dass die Versorgung nicht abgeschaltet werden darf (Seite 75). Hier sind reine Rücksetz-Automaten installiert, die manuell geschlossen, aber nur durch Überstrom ausgelöst werden können. Jeder Automat besitzt seine eigene Kontrolllampe, die sichtbar macht, welcher Stromkreis angeschaltet ist. Beachten Sie ebenfalls, dass die LED-Anzeigelampen (siehe links) für die Navigations-

leuchten-Gruppe entsprechend der Position am Boot angebracht sind, um den Status der einzelnen Leuchten zu verdeutlichen. In der Schalttafel finden sich normalerweise auch die Instrumente, zumindest sollte man ein Amperemeter und ein Voltmeter installieren. Zu empfehlen sind hier Batterie-Überwachungssysteme, die außer Spannung und Strom eine ganze Reihe von Informationen über den Zustand der Batterien verarbeiten und anzeigen können: beispielsweise die wichtige Angabe, wie viel Strom der Batterie bereits entnommen wurde. Oft sind auch die Anzeigen für den Pegel in den Kraftstoff- und Frischwassertanks in die Verteilertafel integriert.

MASTENVERKABELUNG

Wenn Masten geliefert werden, sind sie normalerweise vorverkabelt, sodass der Bootsbauer oder Besitzer einfach darauf vertrauen muss, dass alles ordentlich gemacht wurde. Lassen Sie uns einige Verkabelungs-Merkmale betrachten.

Hoch angebrachtes Zusatzgewicht ist niemals eine gute Idee, und manche Ersparnis – auch in den Kosten – kann durch eine gemeinsame Masseleitung erfolgen. Dieser Trick wird oft vorteilhaft bei der Dreifarbenlampe, der Ankerlaterne, dem Dampferlicht und der Decksbeleuchtung genutzt, ganz besonders, wenn sie als Kombinationen zu Einheiten zusammengefasst sind. In beiden Fällen werden die Plusleitungen der einzelnen Lampen mit eigenen Schaltern und Sicherungen betrieben, während der Rückstrom über die gemeinsame Masse fließt. Der Einfachheit halber wird flexibles dreiadriges Kabel verwendet. Gleichzeitig sollte auf gar keinen Fall der Mast als Masse benutzt werden, da dies ein sehr beträchtliches Kurzschluss-Risiko birgt und zudem zu ernsthafter elektrolytischer Korrosion am Aluminium führen kann.

Mithilfe komplexer Schaltungen und dem geschickten Einsatz von Dioden gibt es konstruktive Möglichkeiten, weiter an der Mastenverkabelung einzusparen. Doch die geringen Vorteile lassen den Aufwand kaum lohnenswert erscheinen. Allerdings können Dioden unter Umständen sinnvoll sein, beispielsweise bei der Versorgung der Kompasslampe. Verfolgen Sie das Kabel zurück, so sehen Sie, dass bei eingeschalteter Positionsbeleuchtung oder Dreifarben-Lampe jeweils die Kompasslampe mit Strom versorgt wird. Die Dioden sorgen dafür, dass der Strom der Positionslampen nicht in die Dreifarbenlampe fließt und umgekehrt. Um das rechtzeitige Einschalten der Kompassbeleuchtung müssen Sie sich so nicht mehr kümmern.

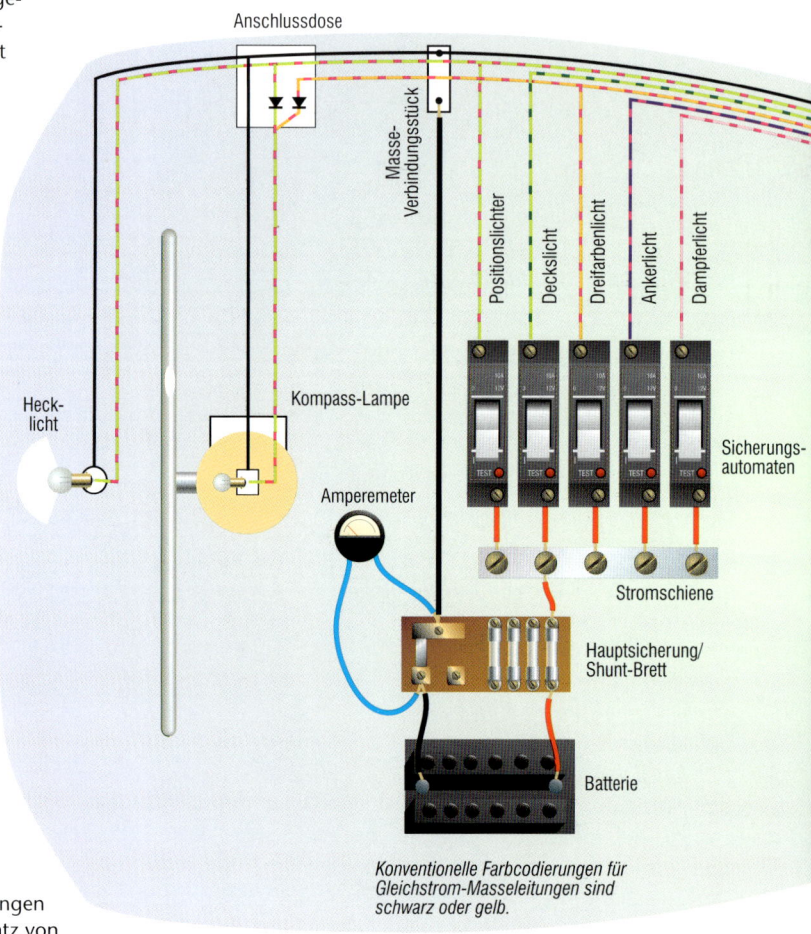

Anschlussdose

Masse-Verbindungsstück

Positionslichter

Decklicht

Dreifarbenlicht

Ankerlicht

Dampferlicht

Heck-licht

Kompass-Lampe

Amperemeter

Sicherungs-automaten

Stromschiene

Hauptsicherung/Shunt-Brett

Batterie

Konventionelle Farbcodierungen für Gleichstrom-Masseleitungen sind schwarz oder gelb.

Decksdurchführungen und Decksstecker

Das Heraushalten von Wasser aus der Mastenverkabelung ist immer ein großes Problem. Doch die verwundbarsten Punkte sind die Verbindungen. Masten müssen gelegentlich gelegt werden. Also ist es unpraktisch, die Verkabelung permanent mit den Versorgungs-Stromkreisen zu verbinden. Um dieses Problem zu umgehen, ist es üblich, eine Trennstelle auf Deckshöhe zu besitzen – entweder darauf oder darunter. Jede dieser Ausführungen hat ihre Stärken und Schwächen. Wenn die Verkabelung über Deck verbunden oder getrennt werden muss, benötigen Sie wasserdichte Stecker – und es sollten gute Ausführungen sein, wenn Sie sie nicht geflutet sehen wollen. Hier zählt echte Qualität. Es hilft auch, etwas Vaseline an die Dichtungen und Gewinde zu geben – aber niemals an die tatsächlichen Kontakte, weil sie dadurch teilweise isoliert werden und die Positionslampen verdunkeln würden. Halten Sie die Kontakte immer trocken und sauber. Obwohl es das schwierigere Arrangement zu sein scheint, bieten Verbindungen unter Deck den besseren Schutz. Die Kabel werden in einer Art Stopfen durch das Deck geführt, der für die Abdichtung sorgt. Selbstverständlich sind eckige oder ovale Kabel schwieriger abzudichten, sodass es besser ist, runde Kabelquerschnitte zu benutzen.

Unter Deck enden die verschiedenen Kabel in einer Anschlussdose, die so nahe wie möglich am Mastenfuß sitzt (vorausgesetzt, er steckt im Deck). Für den Fall, dass der Stopfen etwas leckt, hilft die Verlegung jedes Kabels in einer kleinen Schlaufe, bevor es in die Anschlussdose geführt wird – auf diese Weise tropft das Wasser an der unteren Stelle der Schlaufe ab und gelangt nicht an die wichtigen Steckverbindungen. Wieder gilt: Kaufen Sie die besten Stopfen, die Sie finden können!

Anschlussdose

Anschlussdosen

Deckslicht

Backbord-licht

Steuerbord-licht

Dampferlicht

Ankerlicht

Decks-licht

Dreifarben-licht

Decksdurchführungen

Stromschlag
Wechselstrom-Landversorgung
Masse und Erde
Fehlerstrom-Schalter
Korrosionsschutz

VERMEIDEN VON STROMSCHLÄGEN UND KORROSION

KAPITEL 7
SICHERHEIT

Immer mehr Hersteller statten neu auf den Markt kommende Boote zusätzlich zu ihrem 12-Volt-Gleichstromsystem mit Wechselstromnetzen aus, um Haushaltsstrom einsetzen zu können. Der Einsatz von 230 Volt Wechselstrom an Bord ermöglicht es Bootsbesitzern, alle möglichen Geräte – Heizungen, Kühlgeräte, Mikrowellen, Fernseher – einzusetzen, die sie von Zuhause gewohnt sind. Manche Altboot-Besitzer streben vielleicht danach, diese Möglichkeiten auch nutzen zu können, und es gibt auf dem Markt viele Firmen, die der Kundschaft solche Installationen anbieten. Der einfachste Landanschluss kann ein simples Verlängerungskabel sein, dessen Ende mit einer Land-Steckdose verbunden und durch das Deckfenster geführt wird, um beispielsweise einen Heizlüfter oder ein Batterieladegerät zu versorgen. Andere sind Dauerinstallationen von erheblicher Komplexität. Was Sie auch immer auswählen, die Wechselstrom-Instalation an Bord bringt neue Probleme mit sich. Zudem erfordert sie eine besondere Beachtung der elektrischen Sicherheit. Der Schutz der Verkabelung und ihrer Schalter erfordert bei einem Wechselstromkreis die gleichen Prinzipien wie beim 12-Volt-Gleichstromsystem, doch weil die Spannung jetzt auf 230 Volt angehoben ist, liegt eine größere Betonung auf dem Schutz von menschlichem Leben. Dieser Faktor ist besonders wichtig, da diese Spannung in einen von Wasser umgebenen Ort geleitet wurde. Deswegen ist es lebenswichtig, ein gründliches Wissen über die Wechselstrom-Sicherheit und die Gefahren, die dieses elektrische Medium mit sich bringen kann, zu besitzen.

SCHOCKIERENDE DINGE

Beim Hantieren mit Haushaltselektrizität wissen wir alle, dass sie lebensgefährlich sein kann. Und das Risiko steigt beim Benutzen von Landstrom an einem von Wasser umgebenen Ort. Der Großteil des menschlichen Körpers ist in seiner Zusammensetzung dem Salzwasser ähnlich, er funktioniert durch vom Gehirn ausgelöste kleine elektrische Nervenimpulse. Verständlicherweise wird im Organismus durch einen starken Strom eine gewaltige Reaktion ausgelöst. Das Verhalten des menschlichen Körpers bei einem elektrischen Schlag ist unberechenbar, gewisse Folgen sind dennoch vorhersehbar.

Gleichstrom-Schläge können unter bestimmten Bedingungen tödlich sein, doch allgemein ist die Gefahr dieses Schlages nicht annähernd so groß wie bei Wechselstrom. Eine große Anzahl von Wasserfahrzeugen ist heutzutage mit 230V-Wechselstrom ausgerüstet. Ein Schlag von dieser Spannung ist fast immer fatal.

Eine der Wirkungen von Wechselstrom auf den Körper ist das Verkrampfen der Muskulatur: Das Opfer kann den berührten Leiter nicht mehr loslassen. Unter Fachleuten gibt es sehr unterschiedliche Ansichten, wenn es um die Reaktionen des menschlichen Körpers auf Gleichstrom oder Wechselstrom geht. Aber die lebensgefährliche Wirkung von hohen Spannungen ist unbestritten.

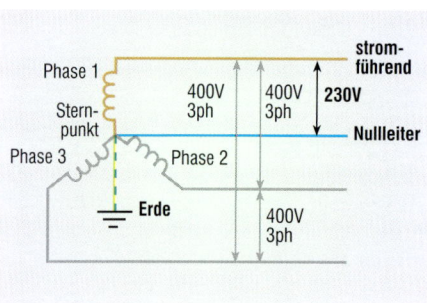

Der Sternpunkt des Wechselstromnetzes ist geerdet.
Der daran angeschlossene Leiter heißt Nullleiter, die äußeren drei heißen Phasen. Zwischen jeder Phase und Null liegt eine Spannung von 230 Volt.

Tatsächlich ist nicht die Spannung so gefährlich. Vielmehr ist es die aus ihr und dem Widerstand des Körpers resultierende Stromstärke, die tötet. Die Hochspannung eines Weidezaunes bewirkt nur ein Zwicken, denn die Spannung bricht sofort zusammen. Doch bereits ein geringer Strom von 200 mA aus einer Wechselspannung von 60 Volt kann mehr als fatal sein. Eine höhere Spannung erhöht den Stromfluss. Die meisten tödlichen Schläge treten auf, wenn der Strom von Hand zu Hand fließt – durch den Brustkorb. Wenn er lange genug fließt, kann der Herzrhythmus unterbrochen oder gar gestoppt werden. Dazu genügen manchmal schon Bruchteile einer Sekunde.

Aus dem Diagramm (linke Seite) sehen wir, dass Wechselstrom aus 400 Volt dreiphasig gebildet wird, dabei kommt er an der Steckdose im Haushalt mit 230 Volt einphasig an. Diese Reduzierung wird erreicht, indem man den Strom aus einer der drei Leitungen eines 400-Volt-Systems entnimmt, wobei jede Leitung oder Phase 230 Volt Spannung gegen den so genannten Nullleiter hat. Dieses Kabel wird als stromführender Leiter betrachtet und im Allgemeinen einfach als Phase bezeichnet.

Das Zentrum oder der Treffpunkt der drei Phasen ist der Sternpunkt, das hier angeschlossene Kabel wird als Nullleiter bezeichnet. Der Sternpunkt ist zudem geerdet, das heißt per Kabel mit einer großen Metallplatte im Erdreich verbunden. Durch unsere Tätigkeit als Heimelektriker sind uns die üblichen Farben dieser Kabel bekannt, wobei der stromführende Leiter braun, der Nullleiter blau und das Erde-Kabel gelb/grün ist.

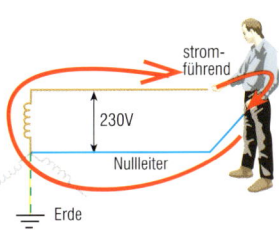

Wir können nur einen Schlag bekommen, wenn wir auf die eine oder andere Weise ein Teil des Stromkreises werden: Wir können uns körperlich zwischen Phase und Nullleiter platzieren, um den Stromkreis wie gezeigt zu schließen (nicht nachmachen).

Zweitens können wir den stromführenden Leiter wie gezeigt über den Körper erden, um den

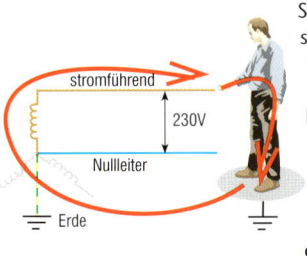

Stromkreis zu schließen. Wenn wir unter diesen Umständen in die Luft springen könnten, würde trotz Festhalten des stromführenden Leiters der Strom kurz aussetzen, weil der Stromkreis unterbrochen wäre (auch nicht ausprobieren).

Das zweite Beispiel erklärt auch, warum Vögel auf Starkstromleitungen sitzen können und keinen Stromschlag erleiden. Genauso isolieren auch Gummistiefel oder das trockene Kunststoff-Deck

relativ gut, doch nur ein Dummkopf würde sich hierauf verlassen.

Es ist nicht immer notwendig, einen stromführenden Leiter zu berühren, um einen Schlag zu bekommen. Die meisten elektrischen Geräte haben Metallgehäuse, und Phase sowie Nullleiter müssen sowohl voneinander als auch vom Gehäuse isoliert sein. Ein aus seiner Anschlussklemme herausgefallener stromführender Leiter, der das Metallgehäuse berührt, setzt dieses unter Strom. Ähnliches kann geschehen, wenn die elektrische Isolierung zwischen

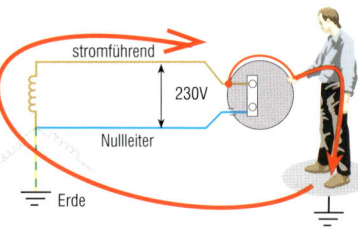

Phase und dem Gehäuse zerstört ist. Diese Situation hat die unangenehme Nebenwirkung, dass die Funktion des Gerätes unbeeinflusst bleibt. Jedoch erhält ein mit dem Gehäuse in Kontakt kommender argloser Mensch einen vollen an Erde gehenden Stromschlag. Aus diesem Grund müssen alle Geräte mit Metallgehäuse geerdet sein: Das Gehäuse muss mit dem so genannten Schutzleiter dauerhaft leitfähig verbunden werden.

Kommt es nun zu einem Kontakt zwischen Phase und Gehäuse, so wird der Strom sofort über den Schutzleiter abfließen. Wenn das Gerät an der Stromseite ordnungsgemäß abgesichert ist und die Erdung einen ausreichend niedrigen Widerstand hat, wird der Kurzschluss-Strom die Sicherung auslösen lassen. Das Gerät ist damit von der Phase getrennt, der Mensch wird geschützt. Wenn jedoch der Kontakt zum Schutzleiter ungenügend ist, reicht der Strom nicht aus, um die Siche-

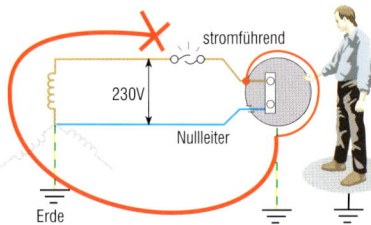

rung auszulösen. Unser Opfer erleidet weiterhin einen Stromschlag. Darum muss großer Wert auf einwandfreie Verbindungen gelegt werden – auch wenn sie wie beim Schutzleiter für den Betrieb der Geräte nicht notwendig erscheinen.

HAFENINSTALLATION

Meistens kommt der an Bord verwendete Wechselstrom von Land, aus der Steckdose am Steg. Die meisten Marinas in Europa bieten ihren Gästen Haushalts-Wechselstrom an. Deswegen ergibt es Sinn, etwas Kenntnis über den Aufbau dieser Stromversorgung und die Sicherheitseinrichtungen zu erhalten, welche Mensch und Boot schützen.

Unten ist der Aufbau einer typischen Hafenversorgung gezeigt. Das örtliche Kraftwerk versorgt die Marina mit 400V-Dreiphasen-Wechselstrom von einem Stern-Transformator mit geerdetem Nullpunkt. Unsere Hafengesellschaft übernimmt den Strom am Zähler und leitet ihn an einen am Ufer stehenden Hauptverteiler weiter. Da hier Schwimmstege installiert sind, steht der eigentliche Hauptverteiler auf der Brücke.

Von diesem werden die drei Phasen aufgeteilt, und es gehen Leitungen ab, die einphasigen 230 Volt Wechselstrom an die Versorgungsstellen der einzelnen Liegeplätze verteilen. In einigen Häfen wird jede Steckdose mit einem eigenen Stromzähler überwacht und der Verbrauch mit dem Liegeplatzinhaber abgerechnet. Auf jeden Fall endet die Verantwortung des Hafenbetreibers an der Steckdose am Steg. Der Rest ist Sache des Bootsbesitzers.

An Land und auf den Stegen besteht sowohl ein mit Sicherungen und Schutzschaltern aufgebauter Selektivschutz als auch ein Erdungssystem.

Ähnlich wie bei unserer Gleichstromverteilung sind die

Ein Landanschlussverteiler, wie er in vielen Häfen zu finden ist.

Sicherungen umso stärker und träger, je näher man der Stromquelle, hier also dem Hauptverteiler kommt. Die einzelnen Steckdosen sind, je nach Hafen, mit 4 bis 16 Ampere abgesichert. In den einzelnen Verteilern sind es schon 100 Ampere, und die Hauptsicherung wird mit 300 Ampere nur bei starken Schäden in der Hafenverteilung ansprechen. Zu den Sicherungen kommt aber in der Wechselstromtechnik noch ein weiteres Schutzinstrument hinzu: der Fehlerstrom-Schutzschalter (FI). Er löst

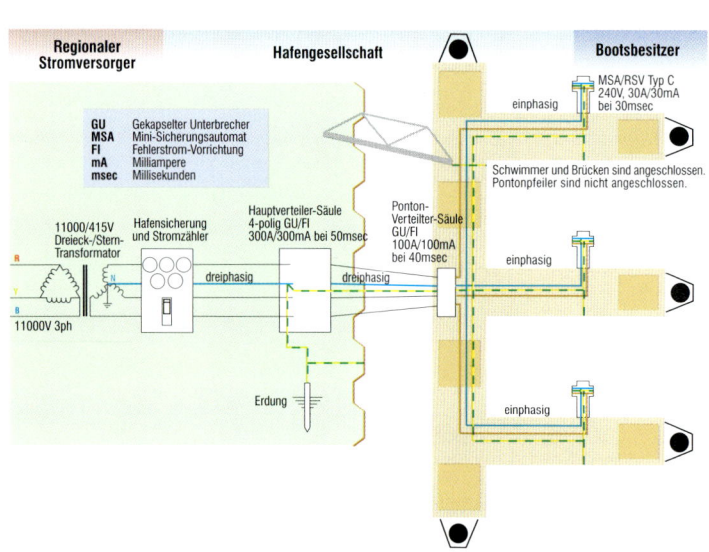

innerhalb von 20 Millisekunden aus, wenn zwischen Phase und Null eine Stromdifferenz von mehr als 30 Milliampere auftritt. In diesem Fall hat nämlich der Strom irgendwo im System eine Möglichkeit gefunden, nicht über den vorhergesehenen Leiter zu fließen – sondern vielleicht über einen menschlichen Körper.

Alle Kabel haben einen Erdungsleiter und alle Säulen, Schwimmer und Brücken sind daran angeschlossen. Der am Ufer stehende Hauptverteiler besitzt eine im Boden vergrabene Metallplatte und ist der nächste Erdungspunkt für das Hafen-Stromnetz; damit ist er auch der wichtigste Erdungspunkt dieser Stromversorgung. Sollte das Ufer mit eingerammten Stahl-Spundwänden abgesichert sein, werden diese mit der Erdungsplatte verbunden. Es muss immer bedacht werden, dass der Bootsanleger ein Platz ist, an dem das Risiko eines Kriechstromes groß ist – was bedeutet, dass ein Anleger für jedes Boot eine ziemlich korrosive Umgebung darstellt.

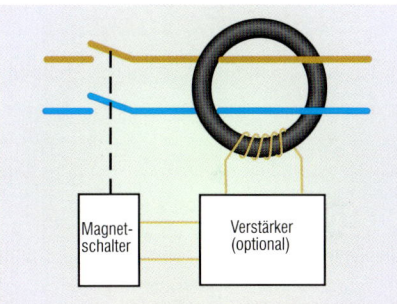

Fehlerstrom-Schutzschalter

Ein Stromkreis hat immer zwei Seiten: Bei Gleichstrom gibt es eine Plus- und eine Minus-Seite, bei Wechselstrom gibt es eine Phase und einen Null-Leiter. Betrachten wir einen Stromkreis, so erwarten wir, dass der auf einem Leiter hineinfließende Strom auf dem anderen wieder herauskommt. Im Wechselstromkreis bedeutet das: Auf dem Phasenleiter muss genauso viel Strom fließen wie auf dem Nullleiter. Andernfalls haben wir etwas, was man einen Fehlerstrom nennt. Irgendwo im Stromkreis muss dann die Isolation schadhaft sein oder ein anderer unerwünschter Kontakt vorliegen. Der über einen anderen als den vorgesehenen Weg abfließende Strom kann großen Schaden anrichten und, falls er über einen Menschen fließt, möglicherweise lebensgefährlich sein.

Wir wollen uns wünschen, dass dieser Strom, wo immer er austritt, über das Erdkabel abgeleitet wird und die Sicherung des stromführenden Leiters durchbrennen lässt. Das wird jedoch nicht geschehen, wenn der Erdungswiderstand zu hoch ist, also kann der potenzielle Stromschlag weiterhin tödlich wirken. Was gebraucht wird, ist eine schnellere, sicherere und sehr sensible Einrichtung:

der Fehlerstrom-Schutzschalter (FI-Schalter). In ihm werden sowohl die Phase wie auch der Nullleiter durch einen runden Eisenkern geführt. Die von den Strömen in den beiden Leitungen induzierten Magnetfelder sind normalerweise gleich groß und heben sich auf. Jede Differenz zwischen den beiden Strömen (als Resultat irgendeines Fehlerstromes) erzeugt jedoch ein Magnetfeld, das in der Sensor-Spule wiederum einen Strom erzeugt. Dieser aktiviert einen empfindlichen Auslösemechanismus, der sowohl die Phase als auch den Nullleiter unterbricht.

Die Sensibilität eines Fehlerstrom-Schutzschalters wird mit dem auslösenden Stromstärke-Unterschied in Milliampere und der Ansprechzeit in Millisekunden angegeben.

HAUS ODER BOOT?

Das Anbordbringen von Haushaltsstrom ist bereits gefährlich genug, und es wird noch gefährlicher, wenn man den Fehler macht, auf dem Boot Heimwerker-Praktiken anzuwenden. Zwischen dem Erden des Gerätes, dem Erden des Bootes und dem Erden des Versorgungsnetzes können Konflikte entstehen. Teilkenntnisse über Praktiken an Land kön

Kabeltrommel-Falle

Nehmen wir an, unser Bootsbesitzer hätte eine simple Kabeltrommel an Bord, deren Stecker er in die Versorgungssäule am Anleger steckt; an die Trommel sollen verschiedene Verbraucher angeschlossen werden. Was kann daran falsch sein? Immerhin ist es ein dreiadriges Kabel, dessen Schutzleiter direkt mit dem Erdungsanschluss der Versorgung verbunden ist. Und irgendwie sind auch alle seine Verbraucher an ihren Steckdosen abgesichert. Lassen Sie uns annehmen, er sei der unglückliche Besitzer eines defekten Gerätes, dessen Gehäuse unter Strom steht. Nachdem er es eingesteckt hat, ist er sofort abhängig von der Wirksamkeit aller Glieder der Erdungskette, die den Strom vom Gehäuse zurück an Land bringen, so dass die Sicherung an der Steckdose durchbrennen kann. Sollte allerdings durch Rost oder Schmutz genügend Widerstand an der Erdungskette und ihren Verbindungen bestehen, kann das Gerät weiterhin unter Spannung stehen. Jetzt findet unser Mann schnell heraus,

dass der Stromkreis durch seinen Körper weniger Widerstand bietet als der korrodierte Schutzleiter. Das könnte das Letzte sein, was er in seinem Leben herausfindet. Denn der durch seinen Körper fließende Strom ist immer noch nicht in der Lage, die Sicherung durchbrennen zu lassen – allerdings ist er stark genug für einen tödlichen Stromschlag.

Wir sollten auch bedenken, dass die eingebauten Sicherungen keinesfalls dazu da sind, unser Leben zu schützen, da sie für einen wesentlich stärkeren Strom ausgelegt sind als unser Körper verträgt! Ihr Zweck ist es, den Stromkreis vor Überlastung und Feuergefahr zu schützen.

Theoretische Lösung: Alle Wechselstromgeräte müssen geerdet und an die Masse des Bootes angeschlossen werden, wodurch alle Geräte und berührbaren Metalle an das Erdungs/Masse-Potenzial angepasst sind.

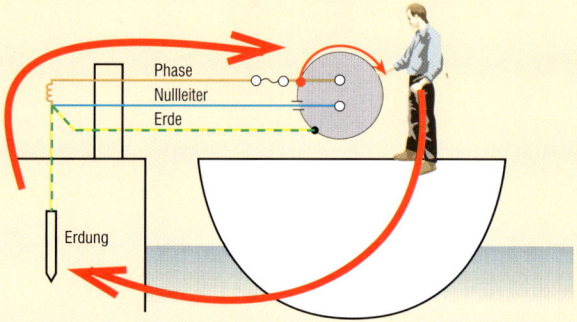

Phase
Nullleiter
Erde

Erdung

nen ebenfalls gefährlich werden, wenn sie an Bord übertragen werden. Denn hier können sowohl das Problem des Erdens als auch die Lage des Sternpunktes die Sicherheit des gesamten Fahrzeugs gefährden – und dann sind immer Menschenleben in Gefahr.

Erdungsfalle

Unser zweiter Bootsbesitzer hat etwas mehr elektrisches Wissen als der Erste, und so setzt er mehr Dauerinstallationen ein. Sich bewusst über die im ersten Beispiel gezeigten Probleme, zieht er aus seinem Wissen und der Theorie der Heimwerker-Praktik den Schluss, dass der Nullleiter geerdet werden kann. Er verbindet also das Erdungskabel des Bootes mit dem Nullleiter an der Wechselstromversorgung des Bootes, in dem Glauben, dass dieses ihm in Form einer zusätzlichen Erdung durch den Nullleiter eine weitere Sicherheit gibt, falls das normale Erdungskabel irgendwelche Probleme bekommt. Nehmen wir das gleiche defekte Gerät wie zuvor, so können wir im Diagramm sehen, dass das System drei parallele Rückkehrwege erzeugt hat. Sollten nun die Zweifel des Besitzers an der Wirksamkeit des Erdungskabels wahr werden, dann wird nahezu der gesamte Strom den bei weitem einfachsten Weg gehen – direkt über die Bootsmasse durch das Wasser. Doch stellen wir uns jetzt lieber nicht die Wirkung auf einen im Umkreis des Bootes befindlichen Schwimmer vor.

Es ist nutzlos, dass in diesem Beispiel der Bootsbesitzer den Nullleiter mit dem Wasser verbunden hat. Ein in das System integrierter FI-Schalter hätte unverzüglich ausgelöst und die Sicherheit des Bootes sowie des Schwimmers wiederhergestellt. Das Hauptmissverständnis des Besitzers lag in der Theorie des Erdens des Nullleiters. Sein Wissen und Verständnis über die Heimwerkerpraxis des Nullleiter-Erdens ist teilweise korrekt – trifft aber nur an der Stromquelle (die normalerweise der am Ende der Straße stehende Transformator ist) und nicht an der Verteilertafel zu.

Schlimmer noch: Sollte das Boot mit umgekehrter Polarität angeschlossen werden – das ist aufgrund der Umkehrbarkeit normaler Stecker durchaus üblich –, wird die Phase direkt mit dem Schutzleiter und den im Wasser liegenden Metallteilen des Bootes verbunden. Das wird einen sehr starken Stromfluss geben.

Theoretische Lösung: Erdungs- und Nullleiter-Kabel dürfen an Bord nicht verbunden sein.

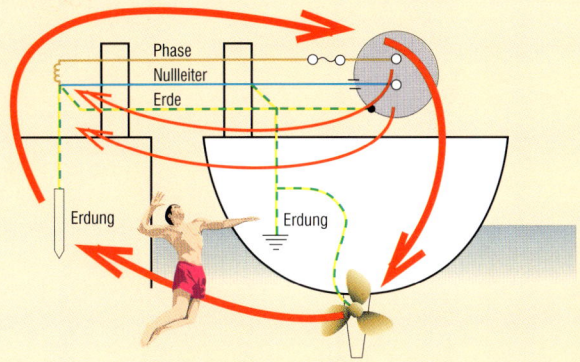

ERDEN ODER NICHT ERDEN?

Getrennte Erdungssysteme

Die Debatte über die Wichtigkeit und potenzielle Gefahr tobt, wenn es darum geht, ob die Wechselstrom-Erdung gleichzeitig Gleichstrom-Masse sein soll (an der Minus-Stromschiene).

Einerseits besagen die VDE-Richtlinien, dass auf allen mit 230 Volt versorgten Booten sämtliche Metallteile, die berührt werden können, an den Schutzleiter angeschlossen sein müssen. Damit

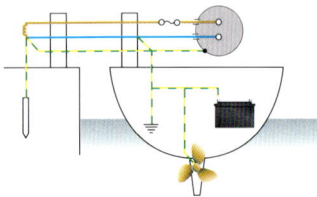

wird die Gefahr von Stromschlägen vermieden. Danach müsste also auch die Gleichstrom-Masse mit dem Schutzleiter verbunden sein (links).

Andere Richtlinien besagen, dass Wechselstrom- und Gleichstromnetz in ihrem Charakter und ihrer Spannung zu unterschiedlich seien und deswegen absolut getrennt werden müssen (rechts). Auch das hat seinen Sinn. Denn nur so kann sichergestellt werden, dass bei Fehlern in der Verdrahtung oder einfach nur schlechtem Kontakt auf der Schutzleiter-Ader nicht plötzlich das gesamte Gleichstrom-Netz unter Hochspannung steht, der

die Isolierung der Leitungen nicht gewachsen wäre. So weit die Fragen, die sich hauptsächlich auf die Sicherheit des menschlichen Lebens beziehen.

Doch die Erdung hat auch einen direkten Einfluss auf das Wohlergehen des Bootes. Werden hier Fehler gemacht, dann können durch Korrosion in kürzester Zeit ganz erhebliche Schäden entstehen. Und das, obwohl die Installation allen Richtlinien und Sicherheitsanforderungen entspricht.

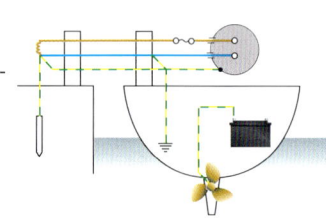

Die Lösung unseres Erdungs- und Masseproblems lautet fast immer: Geerdet werden sowohl Wechselstrom- als auch Gleichstromnetz, aber nicht an denselben Punkten. Jedes bekommt seine eigene Erdungsplatte am Rumpf, die aber außer durch das Seewasser nicht miteinander verbunden sind. Dieses System ist jedoch nur sicher, wenn Sie die anderen hier beschriebenen Aspekte beachten.

Erdungsschleife

Keine Lebensgefahr, aber bittere Ironie für gewissenhafte Bootsbesitzer, deren elektrische Installation ansonsten über jeden Zweifel erhaben ist. Unten sind zwei Yachten mit der Landstromversorgung verbunden, sie haben über den Schutzleiter auch miteinander Kontakt. Das liegt daran, dass alle Boote im Hafen sich die gleiche Erde und damit auch den gleichen Schutzleiter teilen. Auch entsprechen beide Yachten der VDE-Richtlinie, wonach die Wechselstrom-Erde an die Gleichstrom-Masse gebunden ist. Unglücklicherweise entsteht jetzt ein galvanisches Element, dessen Elektrolyt das Seewasser und dessen Elektroden die Unterwasserteile der beiden Fahrzeuge sind. Als Elektrode kann auch die zwangsläufig geerdete Spundwand wirken. In welcher Richtung der Strom in diesem galvani-

schen Element fließt, hängt von den verwendeten Materialien ab. Eines der beiden Boote ist anodischer als das andere, und an diesem wird ernsthafte Korrosion auftreten.

Vor diesem Hintergrund und mit der Aussicht auf einige teure jährliche Reparaturen trennen manche Bootsbesitzer die korrosive Erdungsschleife auf eine gefährlich unfachmännische Art: Sie unterbrechen den Schutzleiter-Anschluss des Bootes oder machen das Wechselstromsystem des Bootes massefrei. Beides kann lebensgefährliche Folgen haben.

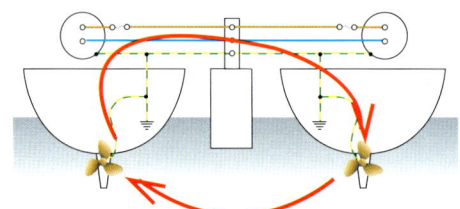

Idealerweise wird eine Vorrichtung benötigt, die einen Fehlerstrom an Erde abfließen lässt, aber kleinen Gleichströmen nicht erlaubt, das Boot zu erreichen. Ein Trenntransformator im Landanschluss löst dieses Problem.

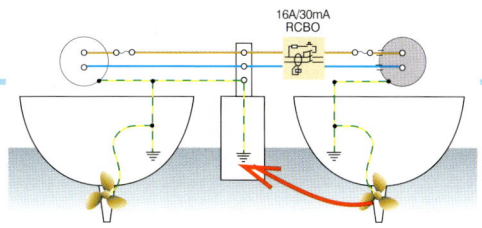

Unterbrochene Erde

Zur Unterbrechung der Erdungs-Schleife wird der landseitige Schutzleiter an Bord nicht angeschlossen, dafür aber bordseitig ein Fehlerstrom-Schutzschalter eingesetzt. Die Schutzleiter aller Verbraucher sind lediglich an Bord geerdet und mit der Gleichstrom-Masse verbunden. Ein primärer Schutz wird durch den Fehlerstrom-Schalter sichergestellt, und der Skipper vertraut auf die Masse und die Rumpfbeschläge, um jeglichen Fehlerstrom abzuleiten. Diese Schaltung ist technisch in Ordnung, beherbergt jedoch Risiken, die sie aus Sicherheitsgründen nicht empfehlenswert machen.

Jeder Widerstand und jede Unterbrechung im bordseitigen Erdungssystem bewirkt, dass Fehlerströme nicht abfließen und der Schutzschalter nicht auslöst. Ebenso ist der Schutz unwirksam, wenn das Schiff im Winterlager an Land steht. Obwohl die Erdungsschleife unterbrochen ist, kann ein Stromfluss von elektrischen Verbrauchern zur Erde auftreten, der prompt zu elektrolytischer Korrosion führt – dieses Problem besteht also weiterhin.

Massefreies System

Der landseitige Schutzleiter-Anschluss bleibt erhalten, doch wird er nicht an die Boots-Erdung angeschlossen (rechtes Schiff). Diese Ausführung wird als massefreies Wechselstrom-System bezeichnet. Die elektrische Sicherheit basiert nur auf der von Land kommenden Schutzleiter-Ader, die alle Fehlerströme aufnehmen muss. Doch auch bei diesem Arrangement gehen Sie ein großes Risiko ein: Wenn aufgrund defekter oder korrodierter Stecker die Schutzleiter-Verbindung unterbochen ist, können Fehlerströme wieder nicht abfließen, der Schutzschalter löst nicht aus. Wer einen Generator oder Wechselrichter besitzt,

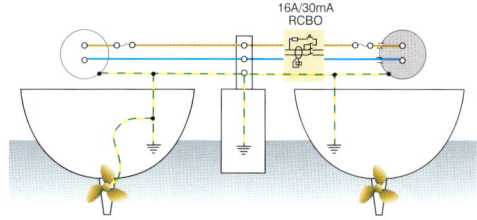

kann diese Methode ohnehin nicht anwenden, da die Gehäuse dieser zusätzlichen Stromquellen oft an die Masse des Bootes gelegt sind und so die Erdungsschleife wieder schließen.

Galvanischer Isolator

Einfach ausgedrückt sind das zwei entgegengesetzt parallel geschaltete Dioden. In jeder Richtung kann Strom hindurchfließen. Allerdings ist mindestens eine Spannung von 0,7 Volt nötig, damit überhaupt ein Strom zustande kommt. Die Spannungen, die für galvanische Korrosion verantwortlich sind, liegen aber meistens weit unter diesem Schwellwert, womit das Problem gelöst wäre.
Allerdings ist dieses Bauteil unsicher: Falls die Dioden irgendwie elektrisch zerstört werden – was man ihnen von außen nicht ansieht –, ist der Schutzleiter unterbrochen. Darum sind galvanische Isolatoren nach den VDE-Richtlinien nicht zugelassen.

Trenntransformator

Das ist ein Eins-zu-eins-Transformator, der die Spannung weder anhebt noch absenkt. Sowohl die Eingangs- als auch die Ausgangsspannung bleibt bei 230 Volt. Weil der Strom durch Induktion ans Bordnetz weitergegeben wird, ist Letzteres praktisch vollständig vom Landnetz isoliert. Die Schutzleiter von Land und Schiff sind ebenfalls nicht verbunden. Die Land-Erdung endet am Kern des Transformators, das Schutzleiter-Netz des Bootes wird an den Nullleiter des Transformators angeschlossen und an Bord geerdet. So entsteht an Bord ein unabhängiges Netz, die Korrosionsprobleme sind gelöst.

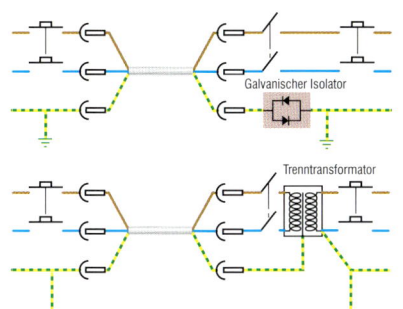

Galvanischer Isolator

Trenntransformator

* Siehe für Fehlerstrom Anhang F

KORROSIONSSCHUTZ

Wie perfekt ein System auch immer ist, sobald wir eine Stromversorgung haben, werden Korrosionsprobleme auftreten. Grund dafür sind ungewollte Ausgleichsströme, die innerhalb des eigenen Bootes, zwischen benachbarten Booten oder bei der Verbindung zum Land entstehen. Außerdem können Kriechströme aus ungenügend isolierter Bordelektrik über Bilge oder Feuchtigkeit einen Weg durchs Schiff finden.

Aber auch ganz ohne Stromversorgung können wir Probleme mit galvanischer Korrosion bekommen. Fast alle Metallteile des Bootes, die mit dem Seewasser in Berührung kommen, haben unterschiedliche Potenziale. Wenn diese nun elektrisch leitend miteinander verbunden sind, hat das die gleiche Wirkung wie eine kurzgeschlossene Batterie: Eines der beiden Metalle wird durch den fließenden Strom zersetzt. Denken Sie nur einmal an Ihren Propeller aus Bronze auf der Antriebswelle aus Edelstahl.

Bei Schiffen mit 230-Volt-Anschluss wird dieses Galvanik-Problem noch größer. Wir haben auf den vorhergehenden Seiten gesehen, dass dann sämtliche Metallteile miteinander und mit dem bordseitigen Schutzleiter-System verbunden sein müssen. Nun kommen also noch ein Kiel aus Stahl oder Blei, diverse Rumpfdurchlässe aus Messing und Pumpen aus Aluminium oder Gusseisen dazu – alles mit dem Elektrolyten namens Seewasser in Kontakt und elektrisch gut leitend miteinander verbunden. In diesem Erdungssystem wird es zwangsläufig Ausgleichsströme und damit galvanische Korrosion in großem Umfang geben, selbst wenn der Rumpf aus Kunststoff besteht. Die anodischen Bauteile werden dabei auf Dauer regelrecht aufgelöst. Das Unangenehmste daran ist, dass dieser Prozess abläuft, solange das Schiff im Wasser liegt, selbst ohne eingesteckten Landanschluss.

Aus diesem Grund muss das Erdungssystem einen so genannten anodischen Schutz enthalten. Dies ist ein Metallteil, normalerweise aus Zink, das anodischer als alle anderen im System ist. Es wird zugunsten der anderen Bauteile geopfert und muss regelmäßig ausgetauscht werden. Doch so einfach ist es auch nicht. Lassen Sie uns auf der folgenden Seite die verschiedenen entstehenden Probleme betrachten.

* Siehe für Kriechstrom Anhang F

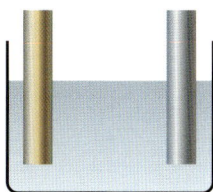

Wenn man zwei verschiedene Metalle (oder Legierungen) in einen mit Salzwasser gefüllten Bottich hängt und sie nicht elektrisch miteinander verbindet, ist eine Oxidation oder Rosten das Schlimmste, was passieren kann. Zwischen ihnen existiert keine elektrische Verbindung, es wird also auch kein Strom fließen. Doch es gibt Spannungsunterschiede. So kann die Situation bei einem Paar voneinander isolierter außen liegender Bauteile sein.

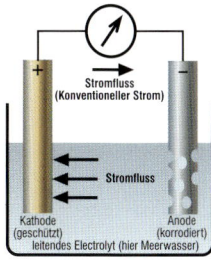

Nachdem die beiden Metalle oder Legierungen durch einen Leiter verbunden sind, ist der Stromkreis komplett, und wir haben eine simple galvanische Batterie. Auf Kosten eines der Metalle wird ein Strom erzeugt, und dieser Prozess wird galvanische Korrosion genannt. Ein praktisches Beispiel entsteht, wenn ein Bootsbesitzer zwei unter Wasser befindliche Anbauteile aus Gründen der elektrischen Sicherheit verbindet, und dadurch eines von ihnen der Korrosion aussetzt.

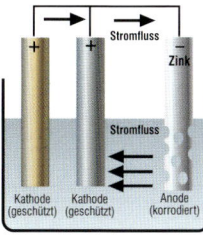

Durch Hinzufügen eines dritten Metalls – normalerweise Zink – können wir die Situation retten. Zink wurde ausgewählt, weil es wie alle unedlen Metalle gern ein Teil einer galvanischen Batterie sein mag und sozusagen durch seine Gier den größten Teil der galvanischen Ströme anzieht. Durch diesen Eifer opfert es sich selbst. Dies ist das Prinzip der Opfer-Anoden, die an den meisten Bootsrümpfen angebracht sind.

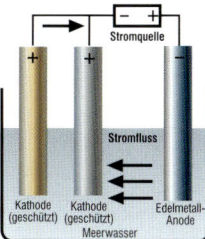

In der vorhergehenden Anordnung erzeugte die Anode auf Kosten ihres Materials den schützenden Strom. Alternativ können wir aber auch eine externe Stromquelle einsetzen, um die anodische Schutzwirkung zu erzielen. Wir ersetzen die Zinkanode durch ein Metall mit einem geringeren Hang zur Selbstaufopferung, beispielsweise eine Chromlegierung. Der Strom in unserem Behälter würde dann von links nach rechts fließen und an einem der zwei linken Metalle Korrosion verursachen. Durch die zusätzliche Stromquelle können wir jedoch den Stromfluss umkehren. Diese Art des galvanischen Schutzes wird Fremdschutz genannt und ist bei Handelsschiffen üblich.

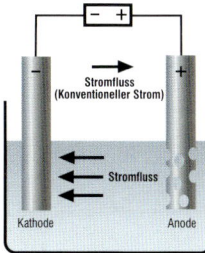

So attraktiv der elektrolytische Fremdschutz auch sein mag, so kann dieses Prinzip doch auch zu Schäden führen. Das ist dann der Fall, wenn zwei ähnlichen Metalle, die ja eigentlich auf gleichem Potenzial liegen müssten, versehentlich mit einer Spannungsquelle verbunden werden. Diese Situation kann entstehen, wenn ein schlecht isolierter Leiter Kriechströme entstehen lässt, möglicherweise sogar recht starke. Eines der Metalle wird korrodieren.

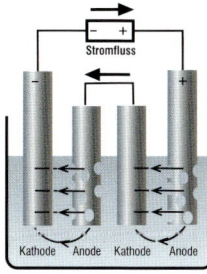

Ebenso werden zwei miteinander verbundene Objekte aus ähnlichen Metallen korrodieren, wenn sie in einen durch das Seewasser fließenden Strom geraten. Sie sind dann Teil einer Elektrolysezelle, wobei eines der Objekte korrodiert.

Das Boot oben links schwimmt in einem von Strom durch-
flossenen Gewässer, wie man es in Häfen vorfinden kann.
Wenn der elektrische Widerstand im grünen Verbindungskabel geringer ist als der des Wassers, wird das Seeventil
den Strom aufnehmen, ihn durch das Verbindungskabel
leiten und durch die Schiffsschraube wieder abgeben –
dadurch wird die Schraube korrodieren. Eine an der Antriebswelle montierte Opferanode (siehe rechs) wird den
Strom von der Schiffsschraube ablenken.

Elektrolytisch oder galvanisch?
Herauszufinden, ob Korrosion durch elektrolytische oder galvanische Pro-

zesse auftritt, ist schwierig. Es ist jedoch wichtig für die Ursachenbe-kämpfung.

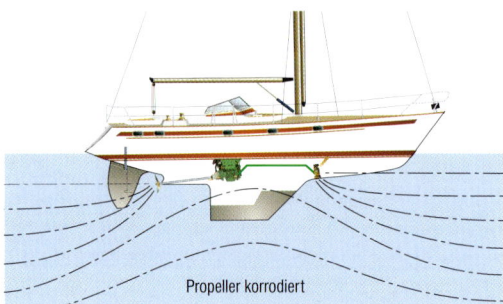

Propeller korrodiert

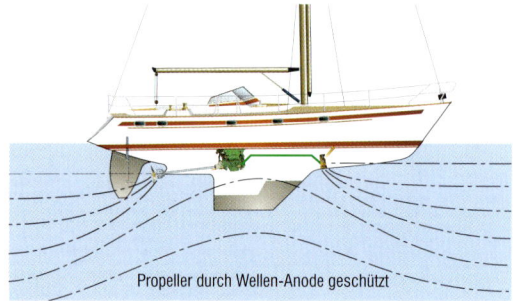

Propeller durch Wellen-Anode geschützt

Das Boot unten links hat einen an Bord erzeugten Kriechstrom*: Die Pumpe erzeugt zwischen ihrer Plusklemme
(rot) und dem Gehäuse einen Kurzschluss, was der Eigner
noch nicht bemerkt hat. Der Strom nimmt dabei den Weg
durch das Bilgenwasser und das Seeventil ins Meerwasser,
fließt über die Schiffsschraube und die Welle zurück und
gelangt durch den Motorblock an Masse. Unter diesen Umständen wird das Seeventil korrodieren, was im schlimmsten Fall Wassereinbruch zur Folge hat. Doch wenn Pumpe,
Ventil und Motorblock miteinander verbunden wären, wie
unten rechts gezeigt, würde der Strom den Weg des geringeren Widerstands über das Verbindungskabel (grün) neh-

Galvanische Korro-sion
Sie kommt zustan-de durch zwei unterschiedliche, elektrisch leitend verbundene Metalle im Seewasser-einfluss. Die Stärke des Stroms hängt

von der Art der beteiligten Metalle, der Größe ihrer Oberflächen, der Leitfähigkeit des Seewassers und dem Widerstand der elektrischen Verbindung ab.

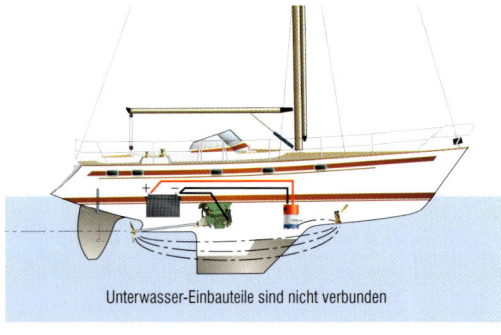

Unterwasser-Einbauteile sind nicht verbunden

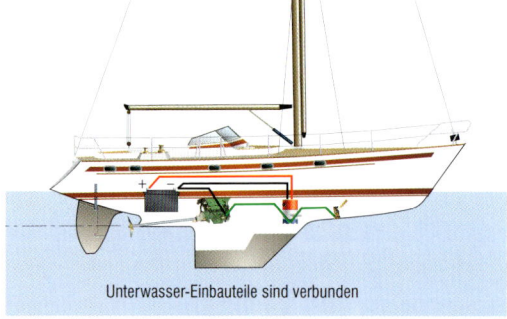

Unterwasser-Einbauteile sind verbunden

* Siehe für Kriechstrom Anhang F

men und dadurch keine Korrosion entstehen. Außerdem würde sicherlich die Sicherung auslösen und den Eigner auf den Fehler aufmerksam machen.

Aus diesen Beispielen können wir schließen, dass das Verbinden von Unterwasser-Einbauteilen vor Korrosion durch an Bord entstehenden Kriechstrom schützt. Sie fallen jedoch weiterhin Strömen zum Opfer, die außerhalb des Bootsrumpfes entstehen. Für dieses Dilemma gibt es zwei Lösungen: Wir können entweder alle Unterwasserteile miteinander verbinden und eine Opferanode einsetzen, um sie vor galvanischer Korrosion zu schützen (linkes Boot).

Oder wir können alles isolieren (rechtes Boot). Die Welle ist durch eine bewegliche Kupplung (Hardyscheibe) vom Motorblock getrennt, die Schraube wird durch eine Wellen-Anode aus Zink geschützt. Die Unterwasser-Einbauteile sind nicht verbunden, sodass sichergestellt ist, dass weder galvanischer noch Kriechstrom zwischen ihnen fließen kann. Alle internen Bauteile sind miteinander verbunden, sodass sie – bei Booten mit Landstromversorgung – ein Erdungspotenzial bilden.

Links neben dem Wellenträger sitzt eine typische Wellen-Anode. Meistens sind diese stromlinienförmig ausgeführt. Die Vorrichtung zwischen dem Halter und der Schraube ist ein Seilschneider.

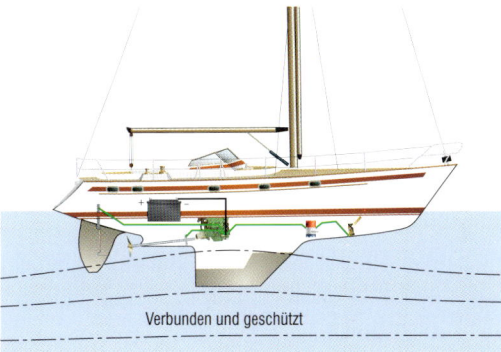

Verbunden und geschützt

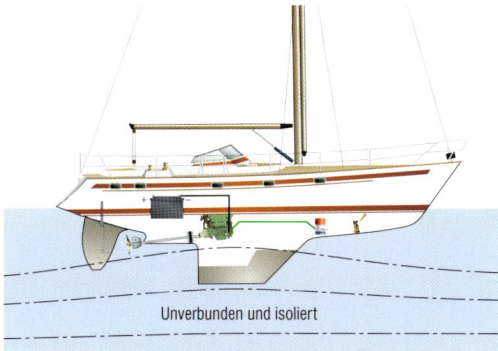

Unverbunden und isoliert

Elektolytische Korrosion
Sie ist das Ergebnis eines extern erzeugten Stromes, beispielsweise aus der Batterie. Elektrolyse tritt auch zwischen gleichen Metallen auf. Angegriffen wird immer das Metall, das im Stromkreis die Anode bildet.

Die Höhe des Stromes und damit die Geschwindigkeit der Zerstörung hängt von der Größe der Metalloberflächen, der Leitfähigkeit des Seewassers, dem Widerstand der elektrischen Verbindung und der Höhe der angelegten Spannung ab.

Batterie-Ladegeräte/Wechselrichter
Wechselstrom-Polarität
Kombi-Schutzschalter
Trenntransformatoren

WAS SIE BEACHTEN MÜSSEN

KAPITEL 8

LANDSTROM-VERTEILUNG

Eine Landstromversorgung an ihrem Liegeplatz zu haben, ist für immer mehr Yachtbesitzer ein verlockender Anreiz. Sie können nicht nur viele der von Zuhause bekannten Annehmlichkeiten nutzen, sondern haben, solange sie im Hafen bleiben, auch immer voll geladene Batterien.

Im letzten Kapitel haben wir uns einige der potenziellen Gefahren angesehen, die im Zusammenhang mit der Landstromversorgung auftreten können. Jetzt wenden wir uns den verschiedenen bordeigenen Systemen sowie den Vorrichtungen zu, die sie sicher machen.

Die bordeigene Wechselstromversorgung kann in drei Kategorien eingeteilt werden:

• eine einfache Kabeltrommel mit minimalen Schutzeinrichtungen zur Versorgung eines einzigen Verbrauchers
• ein fest eingebautes System mit eigener Verteilertafel, das nur wenige Verbraucher mit Landstrom versorgt
• eine voll ausgebaute Wechselstrominstallation, die neben der Landversorgung auch eigene Wechselstromerzeuger enthält.

Lassen Sie uns eine Kategorie nach der anderen betrachten.

TRANSPORTABLE STROMVERSORGUNG

Unten ist ein Arrangement zu sehen, das den meisten Boots-besitzern bekannt sein dürfte. Ein Verlängerungkabel ist mit der Steckdose am Steg verbunden und versorgt nur das Bat-terieladegerät. Ab dort läuft das Boot im Wesentlichen mit seiner 12 Volt-Anlage, die von Ladegerät und Batterie ver-sorgt wird.

Bei einem solchen Aufbau ist schon durch die verwende-ten Stecker nicht vorhersehbar, welche Ader Phase und wel-che den Nullleiter darstellt. Der Personenschutz ist hier vernachlässigt, da sich das System nur auf die Schutz-einrichtungen am Steg verlässt, deren Funktion von einem sauberen Kontakt des Schutzleiters abhängt.

Der umsichtige Bootsbesitzer wird einen Fehlerstrom-Schutzschalter benutzen, wie er auf Seite 89 beschrieben ist. Der einfachen Installation halber in der Ausführung, die zwischen normalem Stecker und der Steckdose sitzt. Auf so einen Minimalschutz sollte niemand verzichten: Er ist nicht besonders teuer (um die 20 Euro) und bietet eine beträchtliche Verbesserung der Sicherheit.

Die Steckverbindung am Landanschluss kann von Fall zu Fall variieren, doch prinzipiell sollten alle Steckdosen in europäischen Häfen vom dreipoligen CEE-Typ sein. Einen dazu passenden Stecker muss Ihr Verlängerungskabel haben.

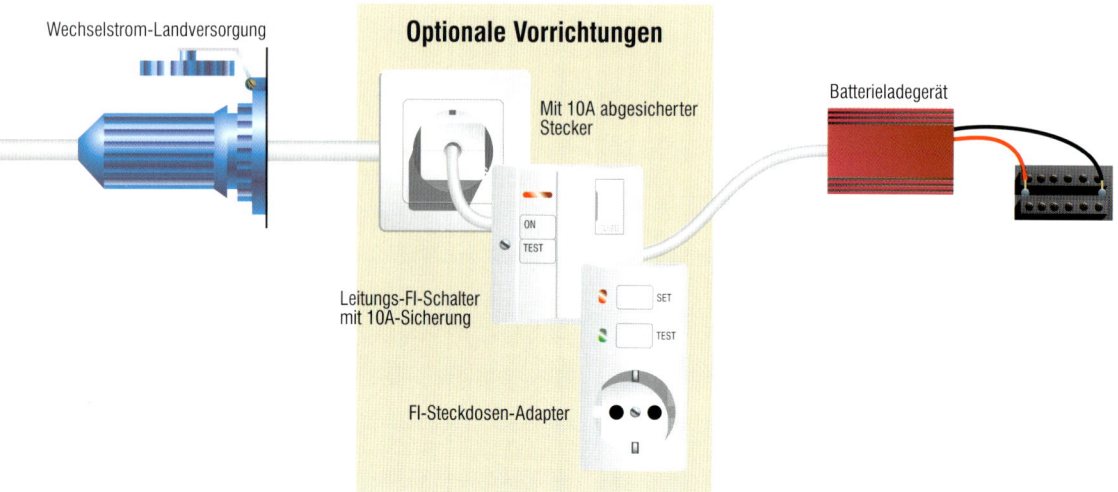

Wechselstrom-Landversorgung

Optionale Vorrichtungen

Mit 10A abgesicherter Stecker

Batterieladegerät

ON
TEST

Leitungs-FI-Schalter mit 10A-Sicherung

SET

TEST

FI-Steckdosen-Adapter

Zweipol-Unterbrecher

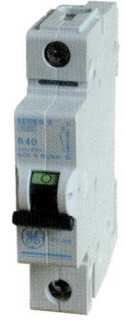
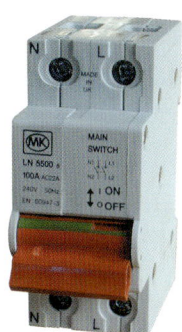

Stromkreisunterbrecher in der 230-Volt-Bordverteilung müssen immer die zweipolige Variante sein. Haushalts-Sicherungsautomaten sind üblicherweise einpolig (links), was bedeutet, dass als Resultat eines Kurzschlusses nur ein Leiter unterbrochen wird.

Im Haus mit seinem festen Anschluss ans Stromnetz mag das genügen, wenn die Sicherung in die Phase geschaltet ist. An Bord können Sie aber nie sicher sein, welche Ader des von Land kommenden Kabels der Nullleiter und welche die Phase ist. Sitzt der Automat nun zufällig im Nullleiter, dann wird zwar der Stromfluss unterbrochen, doch der Stromkreis und das defekte Gerät sind weiterhin mit der Phase verbunden. Im Falle eines Kurzschlusses zwischen Phase und Schutzkontakt wird die Sicherung noch nicht einmal auslösen, son-

dern das Kabel verglühen. Zweipolige Sicherungsautomaten (rechts) trennen Phase und Nullleiter gleichzeitig, unabhängig davon, auf welcher Ader der überhöhte Stromfluss aufgetreten ist: Der komplette Stromkreis wird vom Netz getrennt.

Ladegeräte

Um mit Hilfe des Landstromes die Batterien aufzuladen, muss das Ladegerät drei Dinge vollbringen: Erstens die Spannung aus dem Wechselstromnetz auf die zum Laden benötigten 14 Volt heruntertransformieren. Zweitens den Wechselstrom zu Gleichstrom gleichrichten, denn nur diesen kann die Batterie speichern. Und drittens sorgen gute Ladegeräte dafür, dass die Akkus nicht überladen werden.

Das hört sich einfach an, doch unterscheiden sich handelsübliche Ladegeräte in vielen Punkten. Die günstigen Lader für den Automobilbereich erwiesen sich schnell als unbrauchbar für den Bordeinsatz: Aufgrund ihrer Konstruktion liefern sie nur einen Bruchteil des angegebenen Ladestromes und bieten absolut keinen Schutz vor Überladung. Damit bekommen Sie Ihre Batterien unter normalen Umständen nie voll geladen. Sollte es Ihnen aber doch einmal gelingen, beispielsweise nach mehreren Hafentagen, wird das Gerät die Akkus schonungslos überladen. Ihre guten Stromspeicher verkochen regelrecht.

Brauchbare Geräte für Yachten stellen sicher, dass die Batterien zügig geladen, aber dabei nicht geschädigt werden. Das erreichen sie mit einer Kennliniensteuerung. Wir haben bei der Betrachtung der Lichtmaschinenregler bereits von der Methode der Drei-Stufen-Ladetechnik erfahren. Genau diese Technik wenden auch hochwertige Ladegeräte an. Es gibt sozusagen eine Lade- und eine Erhaltungsstufe, zwischen denen das Gerät automatisch je nach Zustand der Batterie umschaltet. Diese sind

jedoch nicht mit der so genannten Schnelladestufe bei Autoladegeräten zu verwechseln, bei der lediglich unkontrolliert die Spannung erhöht wird.

Damit Sie Ihre Akkus nach einem Segeltag und eventuell einer Nacht vor Anker im nächsten Hafen über Nacht wieder aufladen können, muss das Gerät mindestens fünfmal so viel Strom liefern wie Sie im Durchschnitt verbrauchen.

Ein nicht weniger wichtiges Kriterium ist der verwendete Batterietyp: Akkus mit flüssiger Säure benötigen andere Spannungen als Gel-Typen. Mit den falschen Einstellungen können Sie die teuren Gelbatterien innerhalb von wenigen Stunden ruinieren. Das Ladegerät muss in der Regel passend zum vorhandenen Batteriesystem gekauft werden. Nur wenige hochwertige Typen lassen sich mit Hilfe von kleinen Schaltern entsprechend justieren.

FEST INSTALLIERTE SYSTEME

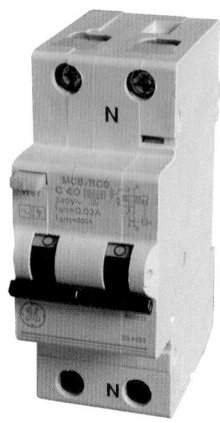

Ein kombinierter Fehlerstrom- und Leitungsschutzschalter. In diesem Gerät sind Personenschutz und Sicherung zu einer Einheit kombiniert. Ein typischer Kombi-Schutzschalter wird bei einem Strom von 16A oder bei einer Stromdifferenz (Fehlerstrom) von 30 mA auslösen.
Der gelbe Knopf ist die manuelle Testvorrichtung – beim Eindrücken sollte sie auslösen. Dieser Test sollte mindestens einmal jährlich durchgeführt werden.

Für eine fest installierte Wechselstromanlage kommen nur dreiadrige flexible Kabel zum Einsatz. Die in der Hausinstallation oft verwendeten Drähte sind ungeeignet: Mit der Zeit verfestigt sich Kupfer und kann brüchig werden. Einen festen Draht macht das verwundbar, er bricht oder reißt. Wenn das Phase oder Nullleiter betrifft, fällt nur das angeschlossene Gerät aus. Genauso kann aber der Schutzleiter unterbrochen werden, was lebensgefährliche Folgen hat.

Eine fest installierte Anlage muss natürlich mit einer Vorrichtung für den Personenschutz ausgestattet sein. Dies ist der Fehlerstromschutzschalter. Und es müssen zum Schutz der Leitungen Sicherungen in den Stromkreis eingebaut werden. Dazu kommen ausschließlich Automaten in Frage, da nur sie zweipolig arbeiten können. Über die Reihenfolge, in der diese Schutzvorrichtungen eingebaut werden, gab es große Diskussionen. Heutzutage kommen jedoch fast nur noch kombinierte Fehlerstrom- und Leitungsschutzschalter zum Einsatz, die beide Vorrichtungen in einer Einheit zusammenfassen. Damit ist die Diskussion über die Reihenfolge hinfällig. Ein typischer Kombinationsschutzschalter wird bei einem Strom von 16 Ampere oder bei einem Fehlerstrom von 30 Milliampere auslösen.

Die europäischen Freizeitboot-Richtlinien schreiben vor, dass die Schutzeinrichtungen innerhalb der ersten drei Meter der Bordinstallation liegen müssen. Dennoch ist es fast immer möglich, diese Vorrichtungen in die Wechselstrom-Verteilertafel des Bootes zu setzen: nicht schön anzusehen, aber gut und bequem zu erreichen. Diese Tafel wird normalerweise auch Instrumente und Kontrolllampen enthalten.

Fest installierte Wechselstromsysteme sind in mancher Weise der 12V-Gleichstromverteilung ähnlich, obwohl natürlich alle Bauteile für 230 Volt ausgelegt sein müssen. Jeder von der Verteilertafel kommende stromführende Leiter (braun) hat seinen eigenen direkten Anschluss an seinen Verbraucher, und der Nullleiter (blau) führt den Strom zu einem gemeinsamen Nullleiter-Anschluss. Sogar die Anzeigelampe der einzelnen Stromkreise arbeitet nach dem gleichen Prinzip wie ihr Gleichstrom-Gegenstück. Worin sich die Wechselstromversorgung allerdings vom Gleichstrom unterscheidet, ist die Anzahl der Kabel: Die gesamte Anlage ist dreipolig ausgeführt, wobei die dritte Ader den Schutzleiter darstellt. Dieser ist auch zu jedem Verbraucher und zu jeder Steckdose zu führen und anzuschließen. Zu beachten ist auch, dass im Bordnetz Phase und Nullleiter nicht eindeutig festgelegt sind. Es ist also so aufzubauen, dass es trotz vertauschter Adern funktioniert und sicher bleibt.

Das Voltmeter und die Netz-Betriebsanzeige werden natürlich zwischen die Stromschiene und den Nullleiter geklemmt. Das Amperemeter misst die Stromstärke über einen Ringkerntransformator, der die gleiche Aufgabe hat wie der Shunt im Gleichstromsystem: So muss nicht der gesamte Strom durch das Messgerät fließen, es kommt mit dünnen Anschlusskabeln aus.

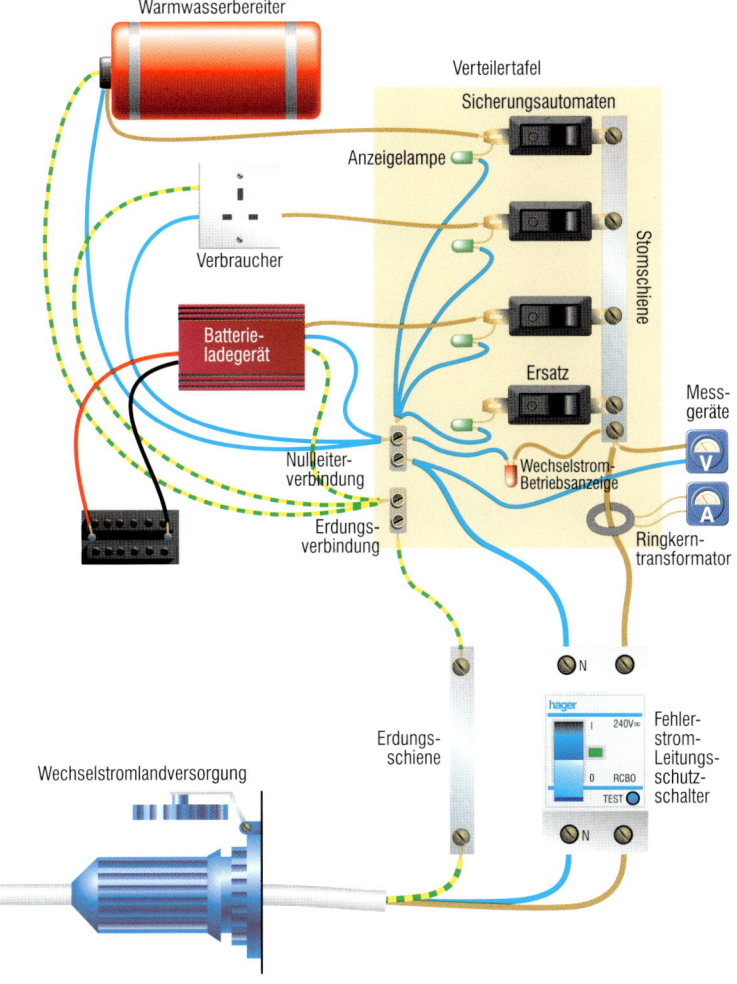

VOLLER BETRIEB

Trenntransformator

Dieses ist ein Eins-zu-eins-Transformator, der die Spannung weder anhebt noch absenkt. Sein einziger Zweck ist es, die 230 Volt-Versorgung auf das Boot zu bringen, ohne dass dabei eine direkte Verbindung zum Landnetz besteht. Die Übertragung erfolgt durch Induktion zwischen den Spulen des Transformators. Diese Isolierung des Eingangs vom Ausgang bringt zwei Vorteile: Die Stromquelle befindet sich im Boot, und damit kann auch die Erdung des Bordnetzes an Bord erfolgen. Ihre Sicherheit hängt also nicht mehr von der Zuverlässigkeit der Schutzleiter-Verbindung zum Landnetz ab. Außerdem ist die Bootserdung vollständig vom Land-Erdungsnetz abgetrennt, was die sonst auftretenden galvanischen und elektrolytischen Korrosionsprobleme verhindert.

Leider sind Trenntransformatoren schwer (etwa 30 kg) und teuer, was erklärt, warum nur etwa 5 % aller Yachten damit ausgerüstet sind.

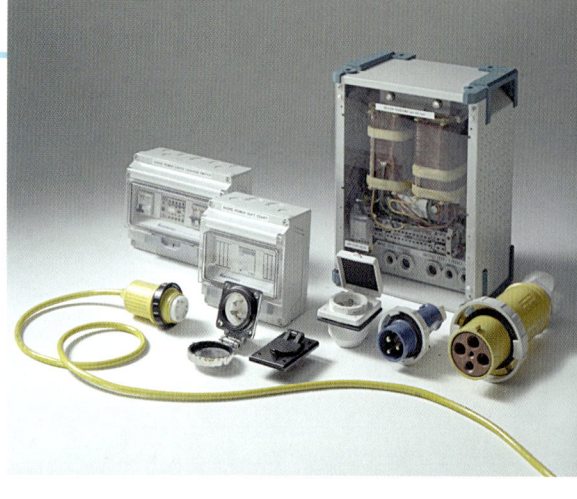

Oben: Eine Vielfalt wasserdichter Steckverbindungen wird von der massiven Gestalt eines Trenntransformators überragt. Links von ihm liegt die Sanftanlaufschaltung. Diese verhindert, dass beim Einschalten des Transformators die Sicherungen am Steg auslösen.

Sanftanlaufschaltung

Die Induktionsspulen eines großen Trenntransformators sind riesig. Beim Einschalten ist für sehr kurze Zeit ein sehr hoher Strom nötig, um die Magnetfelder aufzubauen. Dieser würde die landseitigen Sicherungsautomaten auslösen.

Der Effekt ist etwa so, als würden Sie versuchen, ein Auto im dritten Gang anzufahren. Eher würgen Sie dabei den Motor ab. Auf den Trenntransformator übertragen, brauchen wir also ein elektri-

sches Getriebe. Genau hier setzt die Sanftanlaufschaltung an. Sie besteht im Wesentlichen aus einem großen Widerstand, der den Strom durch den Transformator im Moment des Einschaltens begrenzt. Ein zeitverzögertes Relais überbrückt nach wenigen Augenblicken den Widerstand, sodass der Transformator nun mit voller Leistung arbeiten kann.

Schutzschalter

Direkt hinter dem Trenntransformator benötigen wir Schutzeinrichtungen, denn wir betreiben an Bord im Prinzip unser eigenes kleines Elektrizitätswerk und können uns nicht auf die landseitigen Schutzeinrichtungen verlassen. Da der Schutzkontakt von Land ohnehin nicht mit dem Bordnetz verbunden ist, würden diese im Fehlerfall auch nicht unbedingt ansprechen.

An Bord kann diese Aufgabe ein kombinierter Fehlerstrom- und Leitungsschutzschalter übernehmen, wie er auf der vorhergehenden Seite beschrieben wurde.

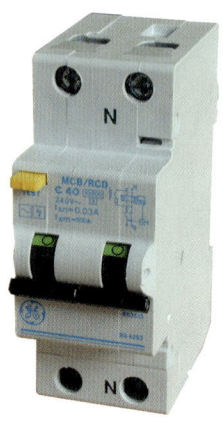

Wechselrichter

Wenn Sie zu den Bootsbesitzern gehören, die sich ohne das Theater mit der Landversorgung und der entsprechenden Verkabelung etwas Haushaltsstrom an Bord wünschen, dann sollten Sie die Anschaffung eines Wechselrichters in Betracht ziehen. Ein Wechselrichter ist eine Vorrichtung, die 12V-Gleichstrom in 230V-Wechselstrom umwandelt. So ist es Ihrer Batterie möglich, eine Landstromversorgung nachzuahmen – freilich mit geringer Leistung. Der Gleichstrom wird von einem Oszillator mit 50 Hz in der Polarität umgeschaltet und in einen Transformator eingespeist, der ihn auf 230 Volt anhebt. Ein Filter am Ausgang bringt das Rechtecksignal in eine einigermaßen sinusförmige Form. Je hochwertiger der Wechselrichter, desto besser und sinusförmiger ist seine Ausgangsspannung. Sie können Wechselrichter als eigenständige Einheiten oder kombiniert mit Batterieladegeräten kaufen. Letztere funktionieren in beide Richtungen (230V-Wechselstrom in 12V-Gleichstrom und zurück), können dies aber natürlich nicht gleichzeitig. Praktisch bedeutet dies, dass die Geräte im Hafen die Batterien laden und das 12V-Bordnetz versorgen, während auf See die Rollen gewechselt werden können, um mit dem 230V-Wechselstrom beispielsweise Mikrowellenherd, Fernseher oder Computer zu betreiben. Wenn der Wechselrichter in ein festes Versorgungssystem integriert werden soll, ist es wichtig, dass der Ausgang des Wechselrichters und die Landversorgung sich niemals berühren – andernfalls werden Sie zum Sponsor eines sehr spektakulären Feuerwerks. Darum sitzt normalerweise an der Wechselstrom-Verteilertafel ein Verriegelungsschalter. Weil ein Wechselrichter wie der Trenntransformator eine Wechselstromquelle darstellt, wird sein Nullleiter geerdet und an einen gemeinsamen Erdungsanschluss geführt.

Verteilertafel

Verglichen mit ihrem Gleichstrom-Gegenstück, ist die Wechselstrom-Verteilertafel sehr ähnlich organisiert und aufgebaut. Die Sicherungsautomaten sind thematisch gruppiert, für Spannung und Stromstärke gibt es Anzeigeinstrumente. Die Warnsymbole (siehe Diagramm in Anhang D) sind nicht aus ästhetischen Gründen auf der Tafel angebracht, sondern aufgrund von Gesetzen und Richtlinien. Sie sollen auch unbedarften Mitseglern klarmachen: Diese Schalttafel ist für das Hochspannungsnetz.

Die Lage der Fehlerstrom- und Leitungsschutzschalter im Schiff zu kennen, ist lebenswichtig, vor allem, wenn sie sich nicht auf der Tafel befinden. Schließlich handelt es sich sozusagen um den Hauptschalter des 230-Volt-Netzes. Ihn abzuschalten genügt nicht, um die Verteilertafel spannungsfrei zu machen. Es könnten immer noch Bauteile unter Spannung stehen. Die Landversorgung ist vorher immer vollständig vom Schiff zu trennen. Der Verriegelungsschalter trennt nicht nur die Stromkreise des Wechselrichters und der Landversorgung, sondern verteilt auch den entsprechenden Strom an die Gruppen der Wechselstrom-Verbraucher. Denn Wechselrichter sind nicht in der Lage, solche leistungshungrigen Vorrichtungen wie Tauchsieder und Elektroheizungen zu bedienen. Ebenso wäre es unsinnig, mit dem an Bord erzeugten Wechselstrom das Batterieladegerät zu betreiben. Dies hätte nur eine schnellere Entladung derselben zur Folge. Wenn der Wechselrichter ausgewählt ist, sind nur die von ihm zu bedienenden Leitungen in Betrieb. Bei Landstromversorgung sind dagegen alle Stromkreise und Verbraucher aktiviert. Aus diesem Grund sind die Sicherungsautomaten in zwei Gruppen aufgeteilt.

Oben: Ein einfacher Wechselrichter – durch die rote und schwarze Leitung wird Batteriestrom aufgenommen, und an der einzelnen Steckdose der anderen Seite wird 230V-Wechselstrom abgegeben. Er eignet sich zum Betrieb eines einzelnen Verbrauchers.

Links: Das kombinierte Wechselrichter-Batterieladegerät bietet zwei Funktionen: Im Hafen werden die Batterien geladen, auf See erzeugt es 230-Volt-Wechselstrom mit bis zu 2000 Watt Leistung.

Siehe Anhang E

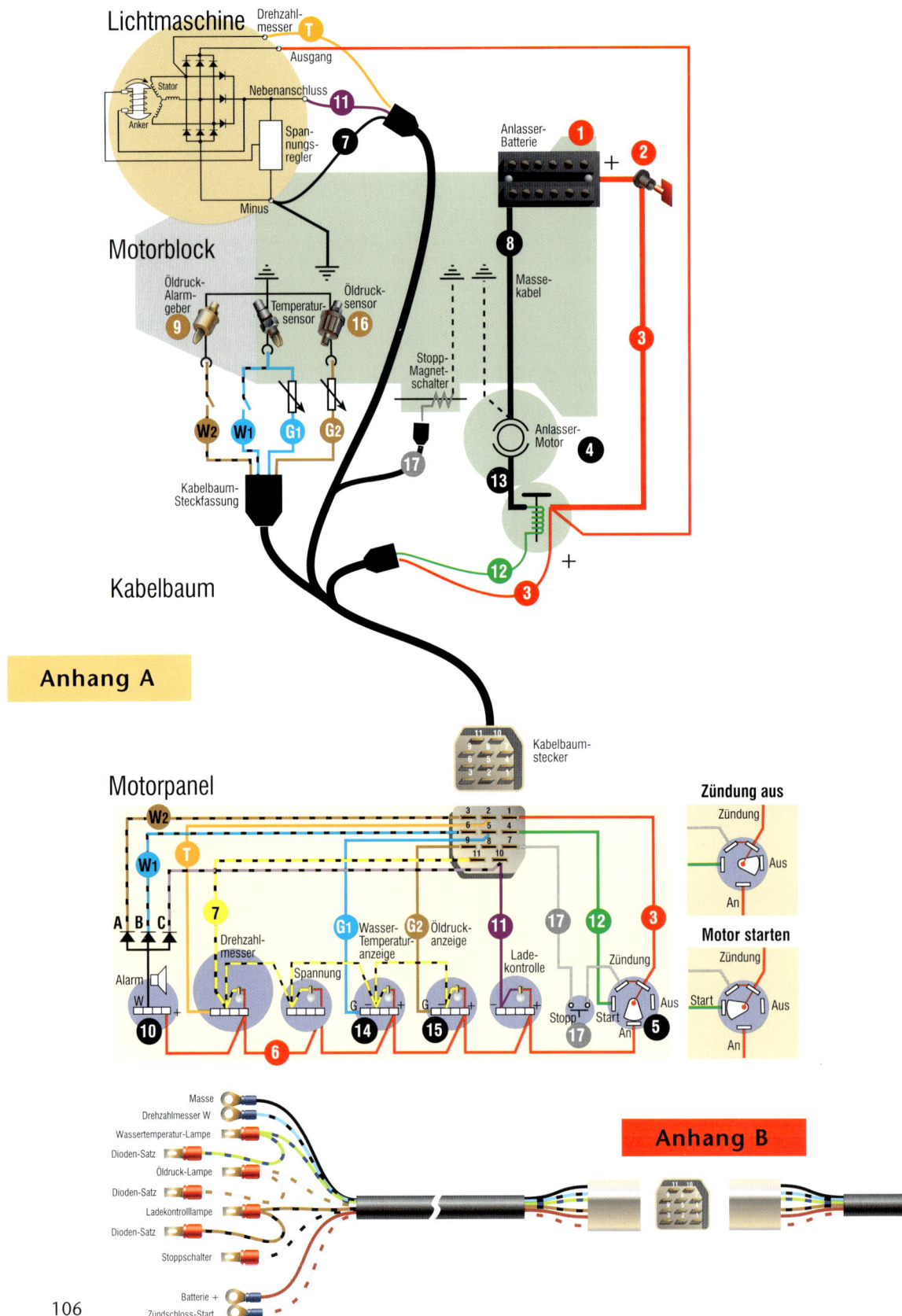

Lichtmaschine

Drehzahlmesser · **T** · Ausgang

Nebenanschluss · **11**

7

Stator · Anker · Spannungsregler · Minus

Anlasser-Batterie · **1**

2

8

3

Massekabel

Motorblock

Öldruck-Alarmgeber · **9**

Temperatursensor

Öldrucksensor · **16**

W2 · **W1** · **G1** · **G2**

Stopp-Magnetschalter

17

Anlasser-Motor · **4**

13

Kabelbaum-Steckfassung

12

3

Kabelbaum

Anhang A

11 10
Kabelbaumstecker

Motorpanel

W2 · **W1** · **T**

3 2 1
6 5 4
9 8 7
11 10

Zündung aus

Zündung · Aus · An

Motor starten

Zündung · Start · Aus · An

A B C

7

Drehzahlmesser

Spannung

Alarm · W · **10**

G1 Wasser-Temperaturanzeige

G2 Öldruckanzeige

14 · G

15 · G

11 Ladekontrolle

17 Stopp · **17**

12 Zündung

3 Start · Aus · An · **5**

6

Masse
Drehzahlmesser W
Wassertemperatur-Lampe
Dioden-Satz
Öldruck-Lampe
Dioden-Satz
Ladekontrolllampe
Dioden-Satz
Stoppschalter
Batterie +
Zündschloss-Start

Anhang B

11 10

106

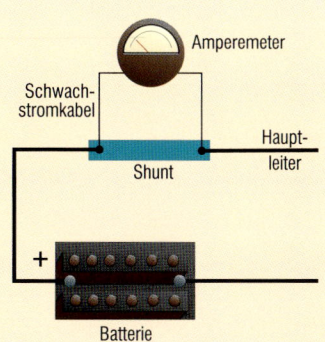

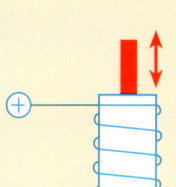

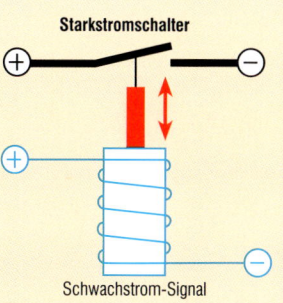

Shunt

Der Shunt-Widerstand hat einen sehr niedrigen Wert. Fließt ein Strom durch den Shunt, so tritt ein sehr kleiner Spannungsabfall auf. Er ist proportional zum Strom und liegt normalerweise im Millivolt-Bereich. Die Skala eines angeschlossenen Voltmeters kann nun so kalibriert werden, dass sie die Stromstärke anzeigt. Das Voltmeter wirkt sozusagen als Fernanzeige für den durch den Shunt fließenden Strom, es benötigt aber nur dünne Leitungen zur Übertragung der Spannung.

Elektromagnet

Eine isolierte Drahtspule wird um einen metallenen Zylinder gewickelt, in dem sich eine massive Eisenstange frei bewegen kann. Setzt man die Spule unter Strom, wird die Eisenstange durch den magnetischen Einfluss in den Zylinder gezogen. Die Zugwirkung auf die Stange hängt von der Stromstärke in der Spule ab, aber nicht von der Richtung. Tatsächlich wird exakt der gleiche Zug auf die Stange ausgeübt, wenn man die Spule unter Wechselstrom setzt.

Relais

Ein Relais ist ein erweiterter Elektromagnet, bei dem die Bewegung der Eisenstange einen Schalter schließt oder öffnet. Der Stromkreis des Schalters kann völlig isoliert vom Stromkreis der Magnetspule arbeiten.

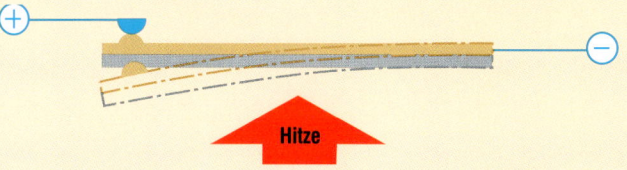

Bimetallschalter

Dieser Schalter enthält einen aus zwei verschiedenen Metallen bestehenden Streifen. Bei Temperaturveränderungen bringen die unterschiedlichen Ausdehnungskoeffizienten der Metalle den Streifen zum Verbiegen, wodurch ein Stromkreis entweder geschlossen oder geöffnet wird.

Regelwiderstand

Ein Widerstand, dessen Wert durch einen mechanischen Schleifer stufenlos verändert werden kann. Damit können mechanische Bewegungen in elektrische Werte umgewandelt werden.

Thermistor-Plättchen

Hierbei handelt es sich um ein Metall, das seinen Widerstand abhängig von der Temperatur ändert. Wenn diese Vorrichtung an einen Stromkreis angeschlossen wird, kann ein Messgerät über den fließenden Strom die Temperatur des Thermistors anzeigen.

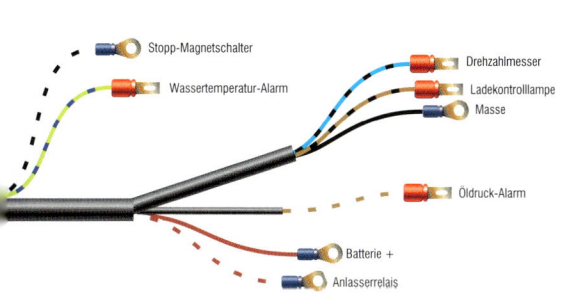

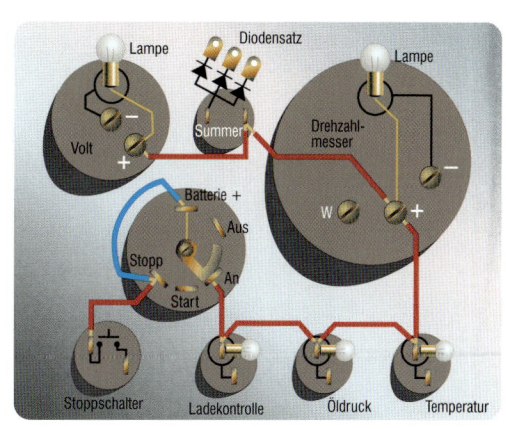

Wechselstrom-
Ladeversorgung

Sanftlauf-
schalter

Trenn-
Transformator

16A/30mA Fehlerstrom-
Überlastschalter

Sicherungs-
automaten

16A-Phase + Nullleiter-
Mini-Sicherungsautomat

Erdungs-
anschluss

Wechsel-
richter

Batterie-
Ladegerät

Wechselstromklemmenbrett

Gleichstromklemmenbrett

Anhang E

Haupt-
sicherungs-/
Shunt-Brett

Umschalter
Generator/Landnetz

Erdungs-
anschluss

Mikrowelle

Ladegerät

Verbraucher

Warmwasser

Amperemeter/
Voltmeter

Ersatz

Verbraucher

Verteilertafel

Batterie-
Monitor

Fernseher

+ Anlasser-
Batterie

Bordnetz-
Batterie +

Haushalts-Verbraucher

Rasierer-
Steckdose

Anschlussdose

Mikrowellenherd

Warmwasserbereiter

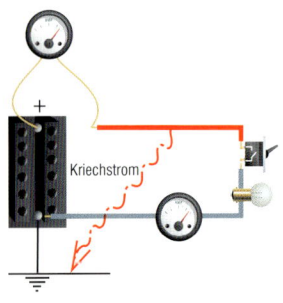

Kriechstrom

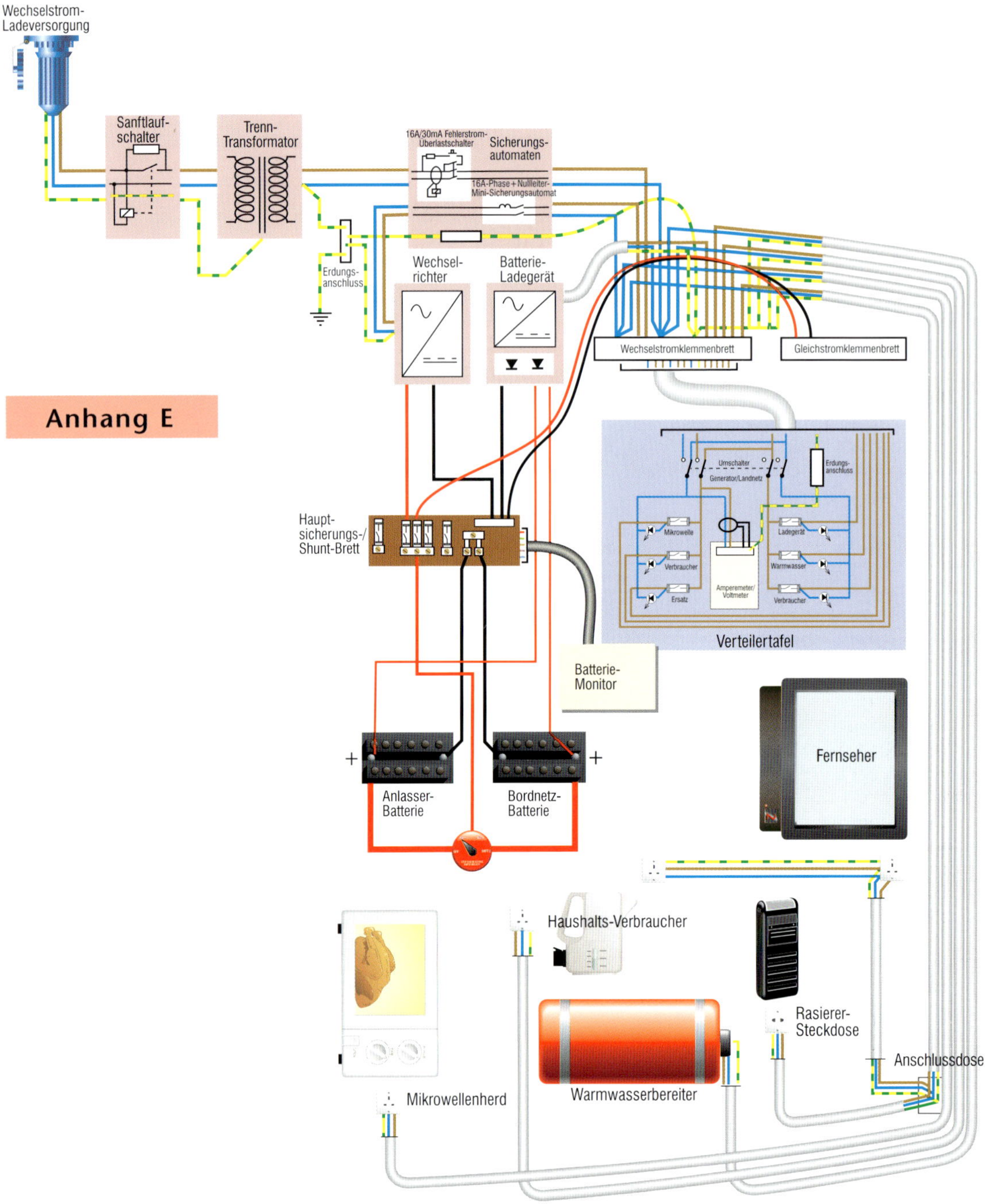

Kriechstrom oder Leckstrom

Angenommen, wir unterbrechen – wie gezeigt – die Verbindung an der Plusklemme einer 12V-Batterie und klemmen ein Voltmeter über die Unterbrechung: Wenn der Schalter an der Lampe geschlossen ist, bleibt die Lampe dunkel (weil der hohe Widerstand des Voltmeters den gesamten Spannungsabfall absorbiert), das Voltmeter wird etwa 12 Volt und das Amperemeter einen sehr geringen Strom zeigen. Bei geöffnetem Lampenschalter würden wir erwarten, dass an beiden Messgeräten Null angezeigt wird. Wenn jedoch das Voltmeter ein Ergebnis anzeigt, kriecht ein Strom aus der Batterie heraus. Ist das Messinstrument an der Batterie ein Multimeter, können wir es auf Amperemessung schalten und die Größe des Kriechstroms ablesen.

Diode

Ein elektronisches Einweg-Ventil, das den Strom in eine Richtung (in Pfeilrichtung) durchlässt, einen Strom in die andere Richtung (Sperrrichtung) jedoch sperrt. Dioden sind aus Halbleitermaterial hergestellte Elektronik-Vorrichtungen.

Symbol: ─────▷|─────

Eine typische Lichtmaschinen-Diode hat 50A Durchlassstrom, 50V Spitzen-Sperrspannung und 0,6V Durchlassspannungsabfall .

Zener-Diode

Eine Diode, die ab einer festgelegten Spannung auch in der Sperrrichtung Strom durchlässt. Diese Spannung ist nahezu unabhängig vom fließenden Strom. Sie wird hauptsächlich verwendet, um schwankende Spannungen zu stabilisieren.

Symbol: ─────▷|┤─────

Induktivität

Wenn wir eine Spule unter Strom setzen, wird sie proportional zur Stromstärke ein Magnetfeld erzeugen. Wird dieser Stromkreis durch einen Schalter unterbrochen, erzeugt das zusammenbrechende Magnetfeld in der Spule wiederum einen Stromfluss. Unter bestimmten Umständen kann dieser eine Spannung hervorrufen, die wesentlich höher als die Betriebsspannung des Stromkreises ist, sodass im Schalter Funken entstehen.

Impedanz

Das Schalten einer Spule in ein Gleichstrom-System hat geringe oder gar keine Wirkung auf den Gesamtwiderstand des Stromkreises. Wird jedoch ein Wechselstrom durch die Spule geschickt, kann sie einen beträchtlichen Widerstand erzeugen. Denn mit dem periodischen Umkehren des Stromes werden auch erhebliche Magnetfelder auf- und wieder abgebaut, was wiederum dem Stromfluss entgegenwirkt. Diese Art Widerstand wird induktiver Blindwiderstand genannt und manchmal auch als Wechselstromwiderstand bezeichnet.

Transistoren

Hierbei handelt es sich um einen elektronischen Schalter ohne bewegliche Teile. Es gibt zwei Typen – NPN und PNP. Der einzige Unterschied zwischen ihnen ist die Richtung, in der der Strom hindurchfließt.

Ein NPN-Transistor besteht im Prinzip aus zwei Rücken an Rücken sitzenden Dioden. Der Steuerstrom, der in den Basis-Anschluss (B) hineinfließt, kontrolliert den vom Kollektor (C) zum Emitter (E) fließenden Arbeitsstrom. Je größer der Steuerstrom, desto größer der Arbeitsstrom – also ein elektrisch gesteuerter Schalter.

Symbol für ein NPN-Transistor

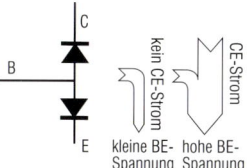

C
B
E

kein CE-Strom / kleine BE-Spannung

CE-Strom / hohe BE-Spannung

Anhang F

Anode/Kathode

Hier liegen oft die Gründe großer Verwirrung darin, dass sich seit der Schulzeit in unserem Gedächtnis verankert hat, die Anode wäre positiv und die Kathode negativ. Streng genommen gilt dies jedoch nur bezüglich der Polarität und der Spannung. Für die Stromflussrichtung ist die Ernennung einer Anode oder Kathode nicht so eindeutig: Sie hängt davon ab, ob wir den Stromfluss im Stromkreis oder den Stromfluss innerhalb einer Stromquelle betrachten. Die galvanische Spannungsreihe zeigt, dass Zink ein sehr anodisches Material ist. Zudem sehen wir, dass es sich fast am äußersten negativen Ende der Spannungsreihe befindet. Dies bedeutet bei der Paarung von Zink mit jedem anderen Metall (außer Magnesium), dass es relativ zum anderen Material den negativen Pol annimmt – und dennoch immer noch als Anode bezeichnet wird. Weil konventioneller Strom von Plus nach Minus fließt, können wir daraus schließen, dass die Anode immer den Strom des externen Stromkreises abgibt. Dieses Phänomen zeigt sich bei Taschenlampenbatterien, der Elektrolyse (geläufig durch das galvanischen Beschichten von Metallen) und Silziumdioden. Die Polarität bleibt bei wiederaufladbaren Batterien im Zyklus des Ladens und Entladens immer bestehen, obwohl der Stromfluss umgekehrt wird.

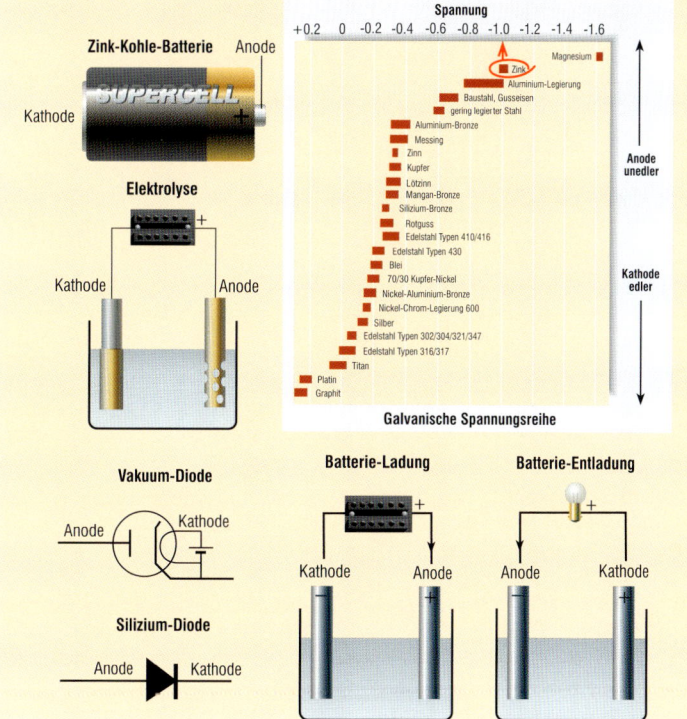

REGISTER